Jorge Mercado

Fundamentos básicos de Termodinámica

Jorge Mercado

Fundamentos básicos de Termodinámica

Termodinámicaconferencista

Editorial Académica Española

Imprint

Any brand names and product names mentioned in this book are subject to trademark, brand or patent protection and are trademarks or registered trademarks of their respective holders. The use of brand names, product names, common names, trade names, product descriptions etc. even without a particular marking in this work is in no way to be construed to mean that such names may be regarded as unrestricted in respect of trademark and brand protection legislation and could thus be used by anyone.

Cover image: www.ingimage.com

Publisher:
Editorial Académica Española
is a trademark of
Dodo Books Indian Ocean Ltd. and OmniScriptum S.R.L publishing group

120 High Road, East Finchley, London, N2 9ED, United Kingdom
Str. Armeneasca 28/1, office 1, Chisinau MD-2012, Republic of Moldova, Europe
Printed at: see last page
ISBN: 978-620-0-04359-7

TERMODINAMICA I

TUTOR:
ING. JORGE MERCADO

INDICE

UNIDAD 1: GENERALIDADES

UNIDAD 2: FORMAS Y TIPOS DE ENERGIA

UNIDAD 3: RELACIONES DE ENERGIA

OBJETIVO GENERAL

recolectar conocimientos fundamentales para la transformación de la energía que se utiliza en los equipos de la industria, mediante el uso de leyes, relaciones matemáticas, cálculos de propiedades físicas que permitan conocer la eficiencia de la transformación de la energía mecánica en térmica y viceversa, procurando la menor afectación ambiental del entorno.

OBJETIVO ESPECIFICO

Desarrollar todos los temas expuestos en el silabo.

UNIDAD 1: GENERALIDADES

1.1 Termodinámica

La Termodinámica se ocupa del estudio de sistemas físicos con un número muy grande de partículas, del orden del número de Avogadro. El gran número de grados de libertad implica que la resolución de las ecuaciones del movimiento de todas las partículas es imposible, ya que no solamente tenemos un número inmenso de ecuaciones diferenciales, sino que, además, las condiciones iniciales son imposibles de determinar.

Para conocer el estado de 1 mol de gas perfecto no necesitamos conocer el estado microscópico del sistema, sino magnitudes como la presión, la temperatura y el volumen que describen el sistema desde un punto de vista macroscópico.

Se introduce fenomenológicamente el concepto de temperatura, y se muestra a los estudiantes que muchas propiedades de un cuerpo (longitud, volumen, presión, resistencia eléctrica, etc.) varían con la temperatura. Entonces la temperatura se mide con un aparato llamado termómetro, utilizando una escala de temperatura con puntos de referencia tales como los puntos de congelación y de ebullición del agua a la presión normal de una atmósfera.

El calor se define empíricamente como la energía transferida desde un cuerpo más caliente a otro menos caliente como consecuencia de su diferencia de temperatura. La conducción del calor a lo largo de una barra cuyos extremos se mantienen a una temperatura fija es una situación relevante, que permite establecer con claridad la diferencia entre calor y temperatura y establecer analogías con otras partes de la Física como el establecimiento de una corriente eléctrica, o con los fluidos.

El equilibrio térmico entre dos recipientes que se ponen en contacto inicialmente a distinta temperatura, es otra situación que permite distinguir entre calor y temperatura. La analogía eléctrica o hidráulica es también importante reseñarla.

El equivalente mecánico del calor también nos permite conectar con otras partes de la Física, en la que una determinada cantidad de energía mecánica, eléctrica o radiación se transforma en calor.

<h1 style="text-align:center">Componentes de un sistema termodinámica</h1>

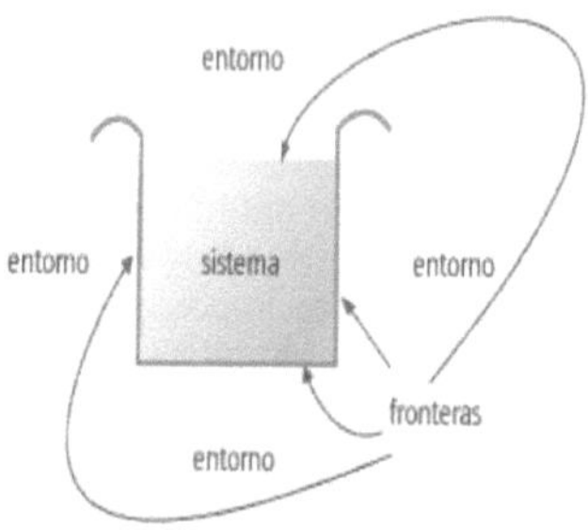

FIG.1

Sistema

El sistema es la parte del universo que vamos a estudiar. Por ejemplo, un gas, nuestro cuerpo o la atmósfera son ejemplos de sistemas que podemos estudiar desde el punto de vista termodinámica.

Entorno o ambiente

Todo aquello que no es sistema y que se sitúa alrededor de él, se denomina ambiente o entorno. Los sistemas interaccionan con el entorno transfiriendo masa, energía o las dos cosas. En función de ello *los sistemas se clasifican en*:

Tipo	Intercambia	Ejemplo
Abierto	Masa y energía (trabajo o calor)	Reacción química en tubo de ensayo abierto
Cerrado	Sólo energía	Radiador de calefacción
Aislado	Ni materia ni energía	Termo para mantener bebidas a temperatura constante
Adiabático	Ni materia ni calor, pero si energía en forma de trabajo	Termo con tapa que permita variar volumen

Frontera o paredes del sistema

A través de ellas se comunica el sistema con el entorno. Existen los siguientes tipos:

- **Fijas:** Mantienen el volumen constante

- **Móviles:** El volumen es variable y depende de la presión en el lado del sistema y de la del entorno

- **Conductoras o diatérmanas:** Al conducir calor permiten que la temperatura a ambos lados de la misma sea igual

- **Adiabáticas:** No conducen calor. Son los aislantes térmicos.

Variables y ecuación de estado

Las variables de estado son el conjunto de valores que adoptan ciertas variables físicas y químicas y que nos permiten caracterizar el sistema. A las variables de estado también se las llama funciones de estado. No todos los sistemas termodinámicos tienen el mismo conjunto de variables de estado. En el *caso de los gases* son:

- presión
- volumen
- masa
- temperatura

Las variables de estado de una sustancia se relacionan a través de una ecuación de estado propia de la sustancia de manera que, estableciendo un valor a varias de ellas, quedan determinadas el resto. Por ejemplo, se comprueba experimentalmente que, si establecemos el volumen y la temperatura de una determinada cantidad de un gas, su presión no se puede modificar. En este tema nos centraremos a menudo en el estudio de los gases, además de por su relativa simplicidad, por ser de gran interés para el estudio de sistemas termodinámicos como por ejemplo el motor de la máquina de vapor, precursor de los actuales motores.

La ecuación de estado de los gases ideales sigue la expresión:

$$p \cdot V = n \cdot R \cdot T$$

Donde:
- *p:* **Presión.** Su unidad de medida en el Sistema Internacional es el pascal (Pa) aunque también se suele usar la atmósfera (atm). 1 atm = 101325 Pa

- *V:* **Volumen.** Su unidad de medida en el Sistema Internacional es metro cúbico (m^3) aunque también se suele usar el litro ($lo\ L$). 1 L = 1 dm^3 = $10^{-3} m^3$

- *n:* **Número de moles.** Se trata de una unidad de masa. Un mol de una sustancia se compone del número de Avogadro, N_A = $6.023 \cdot 10^{23}$ de moléculas de esa sustancia, y su peso coincide con la masa molecular de la sustancia expresada en gramos. La unidad de medida en el Sistema Internacional para el número de moles es el mol (mol)

***R:* Constante universal de los gases.** Su valor en unidades del Sistema Internacional es R = 8.31 J / $mol·K$, aunque también se usa R = 0.083 *atm / mol*

- ***T:* Temperatura.** Su unidad de medida en el Sistema Internacional es el kelvin (K) aunque también se suele usar el grado centígrado o Celsius (ºC). T = t_C + 273.15

Recuerda que un gas ideal no es más que un *gas teórico* en el que sus partículas, con desplazamiento aleatorio, no interactúan entre sí. La mayoría de los gases reales, a temperaturas relativamente altas y presiones pequeñas pueden considerarse gases ideales y por tanto podemos aplicar esta expresión como su ecuación de estado en los ejercicios de este tema.

Finalmente, decimos que un sistema ha alcanzado el estado de equilibrio cuando sus variables de estado permanecen constantes. Todas las propiedades del sistema en equilibrio quedan determinadas por factores intrínsecos y no por influencias externas previamente aplicadas. *La termodinámica sólo se ocupa de sistemas en estado de equilibrio.*

Variables intensivas y extensivas

- Intensivas: Son aquellas que no dependen del tamaño del sistema. Por ejemplo, la presión, la temperatura, la concentración o la densidad.

- Extensivas: Son aquellas que dependen del tamaño del sistema. Por ejemplo, el volumen, la masa o la energía.

1.2 Importancia de la Termodinámica

La termodinámica es una disciplina que se encuadra dentro de la física y que se aboca al estudio de los fenómenos relativos al calor. El interés de la termodinámica se centra especialmente en considerar la manera en que se transforman las distintas formas de energía y la relación existente entre estos procesos y la temperatura. En efecto, existen evaluaciones que establecen que el desarrollo de la disciplina se hizo a la par de un intento por lograr una mayor eficiencia en el uso de máquinas, eficiencia que implicaba que se pierda la menor cantidad de energía bajo la forma de calor y se desarrolló a lo largo de varios siglos, siempre teniendo el interés de hacer un mejor uso de la energía. Es por esto que la misma estuvo siempre ligada a distintas invenciones y experimentaciones, siempre con una fuerte arista práctica. Hoy en día, la misma es enormemente descriptiva de los fenómenos que tienen lugar en lo que respecta a la energía y especialmente en lo que hace referencia a los procesos relacionados con el calor.

Concepto termodinámico

Es la rama de la física que describe los estados de equilibrio a nivel macroscópico. Constituye una teoría fenomenológica, a partir de razonamientos deductivos, que estudia sistemas reales, sin modelizar y sigue un método experimental. Los estados de equilibrio son estudiados y definidos por medio de magnitudes extensivas tales como la energía interna, la entropía,

el volumen o la composición molar del sistema, o por medio de magnitudes no-extensivas derivadas de las anteriores como la temperatura, presión y el potencial químico; otras magnitudes tales como la imanación, la fuerza electromotriz y las asociadas con la mecánica de los medios continuos en general también pueden ser tratadas por medio de la termodinámica.

1.3 Principio de equipos Térmicos

En un motor real, la situación anterior no es posible. Siempre hay factores que disipan energía en forma de calor como las resistencias eléctricas y el rozamiento. Esto provoca que no salga tanto trabajo como el que entra, y una parte se escapa en forma de calor disipado al ambiente. Para que fluya calor desde el sistema al ambiente, éste debe estar a una temperatura más baja que el sistema (lo que es lo habitual, ya que en los motores se alcanzan altas temperaturas). Por ello, el calor desechado va al "foco frío".

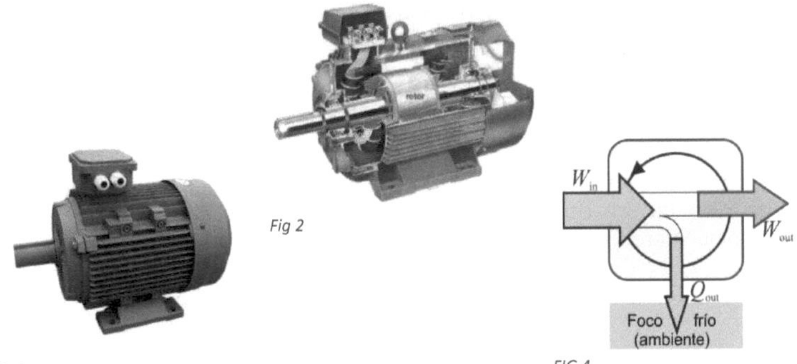

Fig 3

FIG 4

En una estufa de resistencia, en cambio, todo el tr   o que entra sale en forma de calor.

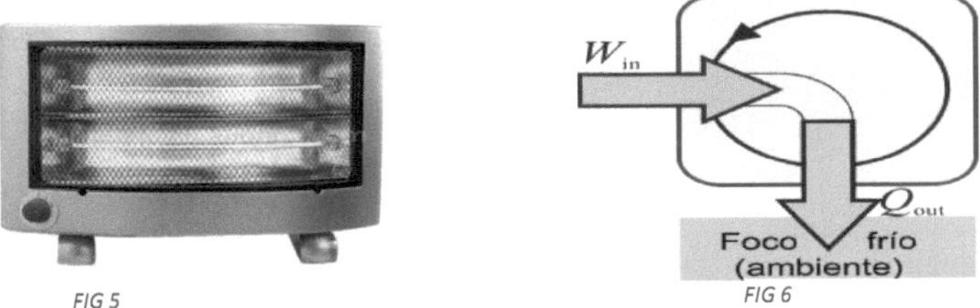

FIG 5

FIG 6

Maquina térmica

El mismo principio anterior se puede aplicar a un dispositivo que transforma calor en trabajo. Una máquina térmica es un dispositivo que, operando de forma cíclica, toma de calor de un foco caliente, realiza un cierto trabajo (parte del cual se emplea en hacer funcionar la propia máquina) y entrega calor de desecho a un foco frío, normalmente el ambiente.

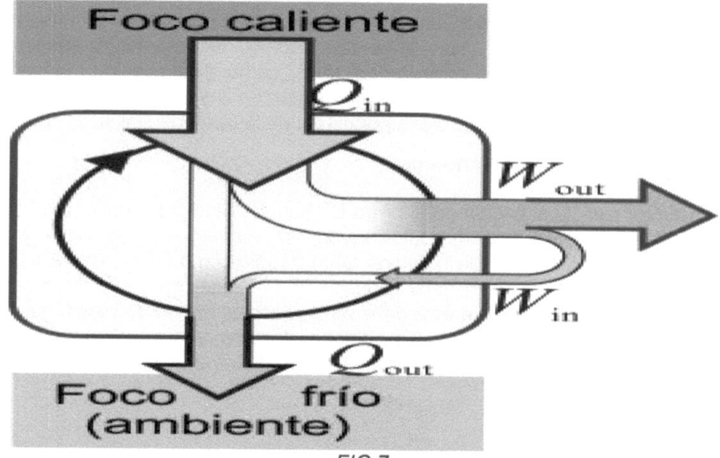

FIG 7

Máquina de vapor

El ejemplo característico de máquina térmica es la máquina de vapor, que se emplea en la mayoría de las centrales eléctricas (sean estas térmicas, termo-solares o nucleares).

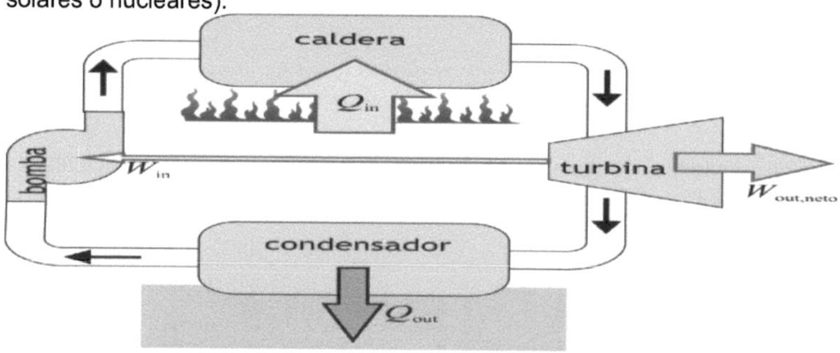

FIG 8

Importancia.

La termodinámica es una disciplina que se encuadra dentro de la física y que se aboca al estudio de los fenómenos relativos al calor. El interés de la termodinámica se centra especialmente en considerar la manera en que se transforman las distintas formas de energía y la relación existente entre estos procesos y la temperatura. En efecto, existen evaluaciones que establecen que

el desarrollo de la disciplina se hizo a la par de un intento por lograr una mayor eficiencia en el uso de máquinas, eficiencia que implicaba que se pierda la menor cantidad de energía bajo la forma de calor.

1.4 Sistema Termodinámicos: abiertos y cerrados

A veces en termodinámica se distingue entre sistema abierto y sistema cerrado. Un sistema abierto sería uno que puede intercambiar materia y energía con el exterior, mientras que un sistema cerrado es un sistema que no puede intercambiar materia con el exterior, pero sí intercambiar energía. También un sistema se considera aislado cuando éste no intercambia ni materia ni energía con el exterior.

Fuera de los ejemplos termodinámicos los conceptos sistema cerrado y sistema aislado son usados indiferentemente.

Un ejemplo de sistema aislado es un termo, ya que al estar herméticamente cerrado no tiene un intercambio de ningún tipo con el medio. Físicamente hablando este sistema no se ve afectado por el medio, pero él sí puede generar calor, materia y diferentes magnitudes que afectarían al medio. En la práctica muchos sistemas no completamente aislados pueden estudiarse como sistemas cerrados, con un grado de aproximación muy bueno o casi perfecto, mientras que un sistema cerrado es un sistema que no puede intercambiar materia con el exterior, pero sí intercambiar energía.

1.5 Sustancia de trabajo termodinámica

Un sistema termodinámico (también denominado sustancia de trabajo) se define como la parte del universo objeto de estudio. Un sistema termodinámico puede ser una célula, una persona, el vapor de una máquina de vapor, la mezcla de gasolina y aire en un motor térmico, la atmósfera terrestre, etc.

El sistema termodinámico puede estar separado del resto del universo (denominado alrededores del sistema) por paredes reales o imaginarias. En este último caso, el sistema objeto de estudio sería, por ejemplo, una parte de un sistema más grande. Las paredes que separan un sistema de sus alrededores pueden ser aislantes (llamadas paredes adiabáticas) o permitir el flujo de calor (diatérmicas).

1.6 Fases de la materia

Fase en equilibrio: Sistema que se halla en equilibrio mecánico si la resultante de las fuerzas que actúan sobre él es nula. Se halla en equilibrio térmico si todas las partes o cuerpos que lo forman están a la misma temperatura, y se halla en equilibrio químico si en su interior no se produce ninguna reacción química.

Fuera de equilibrio: fase fuera del equilibrio se presentan usualmente en fluidos complejos, los cuales poseen una estructura molecular cuyo ordenamiento puede variar de acuerdo con la fuerza externa producida por el flujo, de tal forma

que existen estados desordenados (isotrópicos) los cuales bajo flujo pueden generar estados neumáticos (ordenados). Esta transición desorden-orden ha sido observada en cristales líquidos termo trópicos al variar la temperatura bajo condiciones de equilibrio, a la vez que en otros muchos sistemas. Sin embargo, bajo condiciones fuera del equilibrio, o bajo flujo, también se pueden inducir fases ordenadas a partir de condiciones isotrópicas. Los mecanismos bajo los cuales se generan nuevas fases fuera del equilibrio se basan en evidencias como la reversibilidad del fenómeno, la existencia de una zona de meseta de estructura bifásica en una parte de la curva de flujo (esfuerzo-velocidad de corte), existencia de un periodo transitorio largo acompañado de oscilaciones en el esfuerzo al inicio del flujo similar a la cinética de nucleación y crecimiento de una segunda fase observada en transiciones de fase de primer orden, y a la generación de un diagrama de flujo fase que es extraordinariamente similar al observado en los diagramas de equilibrio líquido vapor.

1.7 Estado Termodinámico

Cuando se han especificado las variables necesarias para describir al sistema se dice que se ha particularizado el estado del sistema. Un sistema se encuentra en estado definido cuando todas sus propiedades poseen valores específicos. Si a su vez estos valores no cambian con el tiempo, el sistema se dice que está en *equilibrio termodinámico*, para el cual no existe un flujo de masa o energía. El equilibrio termodinámico se establece una vez que el sistema alcanza otro tipo de equilibrios. Para comprobar si un sistema está en equilibrio habría que aislarlo (imaginariamente) y comprobar que no evoluciona por sí solo.

Ejemplo de equilibrio mecánico: el punto P tiene una posición de equilibrio que viene dada por la magnitud de las tres masas y la distancia entre las poleas (leyes de la estática: equilibrio de fuerzas). El punto no cambia de posición si no interviene alguna interacción desde el exterior. Una pequeña perturbación (un pequeño aumento δm de una de las masas, o un cambio δx de las posiciones de las poleas) desplaza la posición de P, pero si cesa la acción desde el exterior el punto vuelve a su posición de equilibrio.

Cuando no hay ninguna fuerza sin equilibrar en el sistema y, por consiguiente, no se ejercen fuerzas entre él y el ambiente que lo rodea, se dice que el sistema se encuentra en *equilibrio mecánico*.

Si no se cumplen estas condiciones, el sistema sólo o el sistema y su medio ambiente experimentarán un cambio de estado, que no cesará hasta que se

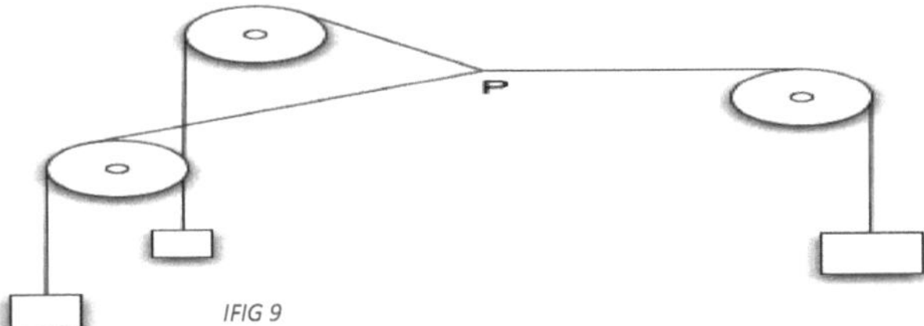

haya restablecido el equilibrio mecánico.fig.9

Si un sistema en equilibrio mecánico no tiende a experimentar un cambio espontáneo en su estructura interna, tal como una reacción química, o la difusión de materia de una parte del sistema a otro (aunque sea lenta), el sistema se encuentra en equilibrio químico. Un sistema que no se halle en equilibrio químico experimenta un cambio de estado que, en algunos casos, es extremadamente lento. El cambio cesa cuando se ha alcanzado el equilibrio químico.

Existe un equilibrio térmico cuando no hay cambio espontáneo en las variables de un sistema en equilibrio mecánico y químico si se le separa del exterior mediante una pared diatérmica. En el equilibrio térmico, todas las partes del sistema se encuentran a la misma temperatura, y esta temperatura es igual a la

del medio ambiente. Si estas condiciones no se cumplen, tendrá lugar un cambio de estado hasta alcanzar el equilibrio térmico.

Para el caso en que las propiedades del sistema no cambien con el tiempo, pero igual existe un flujo de materia y/o energía, se dice que el sistema se encuentra en estado estacionario.

El Equilibrio, es un concepto fundamental de la Termodinámica. La idea básica es que las variables que describen un sistema que está en equilibrio no cambian con el tiempo. Pero esta noción no es suficiente para definir el equilibrio, puesto que no excluye a procesos estacionarios (principalmente varios procesos en que hay flujos) que no se pueden abordar con los métodos de la Termodinámica clásica. En los procesos estacionarios debe haber continuamente cambios en el ambiente para mantener constantes los valores de las variables del sistema. Para excluirlos se usa entonces una definición más restrictiva: un sistema está en equilibrio si, y solo si, está en un estado desde el cual no es posible ningún cambio sin que haya cambios netos en el ambiente.

La Termodinámica clásica se ocupa solamente de sistemas en equilibrio. Veremos más adelante cómo se pueden tratar sistemas fuera del equilibrio.

El equilibrio es una abstracción pues los sistemas reales no están nunca en estricto equilibrio. Pero siempre y cuando las variables que describen al sistema y al ambiente que interactúa con él no varíen apreciablemente en la escala de tiempo de nuestras mediciones, se puede considerar que el sistema está en equilibrio y aplicarle las consideraciones termodinámicas pertinentes.

1.8 Procesos Termodinámicos

En física, se denomina proceso termodinámico a la evolución de determinadas magnitudes (o propiedades) propiamente termodinámicas relativas a un determinado sistema termodinámico.

Desde el punto de vista de la termodinámica, estas transformaciones deben transcurrir desde un estado de equilibrio inicial a otro final; es decir, que las magnitudes que sufren una variación al pasar de un estado a otro deben estar perfectamente definidas en dichos estados inicial y final.

De esta forma los procesos termodinámicos pueden ser interpretados como el resultado de la interacción de un sistema con otro tras ser eliminada alguna ligadura entre ellos, de forma que finalmente los sistemas se encuentren en equilibrio (mecánico, térmico y/o material) entre sí.

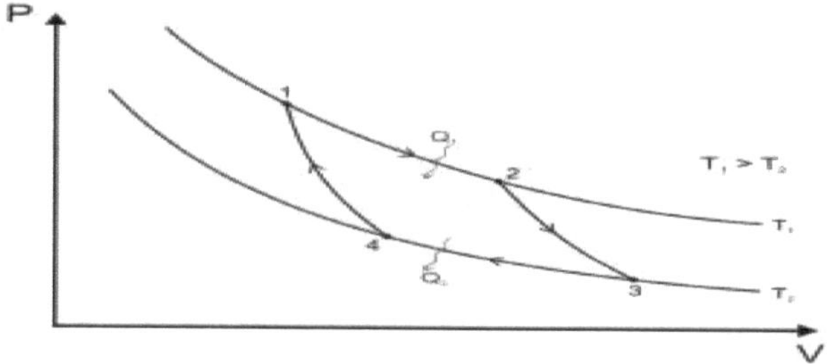

FIG 10

De una manera menos abstracta, un proceso termodinámico puede ser visto como los cambios de un sistema, desde unas condiciones iniciales hasta otras condiciones finales, debido a su desestabilización.

Un sistema termodinámico está en principio en un estado de equilibrio termodinámico cuando las variables principales del sistema (es decir, presión, volumen y temperatura) no experimentan ninguna variación adicional con el paso del tiempo.

En el caso de que dos o todas las variables anteriores cambien (la variación de solo una de ellas es imposible porque todas están interconectadas por una razón de proporción inversa o directa) estamos en presencia de una transformación termodinámica, que lleva al sistema hacia una otro punto de equilibrio.

El estado inicial y final de una transformación.

1.9 Ciclos termodinámicos

La conversión de la energía es un proceso que tiene lugar en la biosfera. Sin embargo, los seres humanos a lo largo de su historia hemos inventado diversos artefactos que posibilitan también la conversión energética. La eficiencia con que esta transformación se produce está directamente relacionada con la proporción entre su forma final y su forma inicial y también depende de las leyes físicas y químicas que gobiernan la conversión.

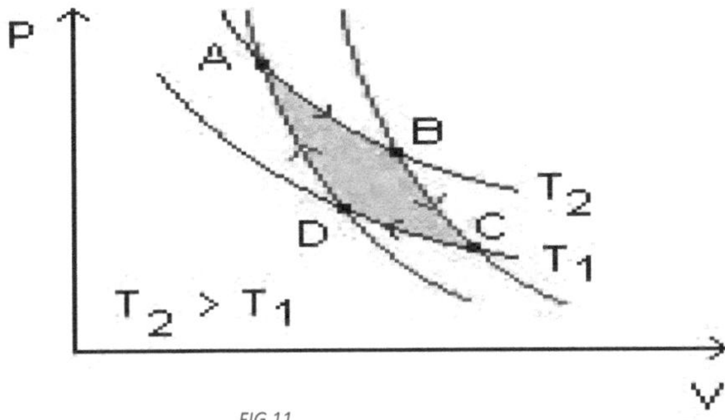

FIG 11

En los procesos termodinámicos, las máquinas o motores térmicos convierten energía térmica en energía mecánica o viceversa. Según la teoría termodinámica, ninguna máquina térmica puede tener una eficiencia superior a la del proceso reversible de Carnot, denominado también ciclo de Carnot.

1.10 Propiedades termodinámicas

La termodinámica es caracterizada por tener un estado de equilibrio en el cual la presión, el volumen, la temperatura y la composición están presentes. Se pueden clasificar como extensivas o intensivas.

Dentro de lo que llamamos extensivo podemos referirnos a lo que depende la cantidad de materia en un sistema. Ejemplo: la masa, el volumen, el peso.

Mientras que la interna tiene que ver con todo aquello que no dependa de la cantidad en cuanto a materia se refiere. Ejemplo: temperatura, volumen especifico, voltaje, presión y densidad.

¿Qué se relaciona con las propiedades termodinámicas?

Cuando un sistema termodinámico esta en equilibrio, cada variable tomara un estado o resultado concreto, mientras que si los valores o el sistema termodinámico evoluciona las variables termodinámicas también cambiaran.

Para entender esto mejor podemos citar el ejemplo de las variables termodinámicas de un sistema integrado de agua a 22ºC, es lo mismo tanto fundiendo el hielo como solidificando el vapor de agua.

El estado de un sistema se especifica por los valores que tienen sus propiedades, si un sistema tiene valores semejantes en sus propiedades que se encuentran en dos instantes distintos, podemos alegar que el sistema está en dos estados idénticos.

La cantidad específica que un sistema requiere para poder sacar su valor depende de la complejidad que tienen los mismos. Cuando un valor cambia al estado le sucede lo mismo.

Se debe acotar que cualquier propiedad extensiva en un sistema es igual a la suma de las propiedades parciales de los componentes. Mientras que muchas

teniendo propiedades intensivas se obtienen dividiendo el mismo valor extensivo y la masa del sistema.

¿A qué se puede llegar con esto?

Todas estas propiedades ayudan en los cálculos de valores que determinan el volumen, el peso o la masa que llega a tener una propiedad o sistema.

1.11 Propiedades Intensivas

Algunos ejemplos de propiedades intensivas son la temperatura, la velocidad, el volumen específico (volumen ocupado por la unidad de masa), el punto de ebullición, el punto de fusión, una magnitud escalar, una magnitud vectorial, la densidad etc.

Si se tiene un litro de agua, su punto de ebullición es 100 °C (a 1 atmósfera de presión). Si se agrega otro litro de agua, el nuevo sistema, formado por dos litros de agua, tiene el mismo punto de ebullición que el sistema original. Esto ilustra la no actividad de las propiedades intensivas.

Ejemplo:

1. Temperatura (T).
2. Volumen específico (Ve).
3. Índice de refracción.
4. Volumen molar.
5. Presión (p).
6. Voltaje (v).
7. Densidad (d).

Propiedades Extensivas

Son las que, si dependen de la cantidad de sustancias del sistema, y son recíprocamente equivalentes a las intensivas. Algunos ejemplos de propiedades extensivas son la masa, el volumen, el peso, cantidad de sustancia, etc.

Dependiendo del tamaño o extensión del sistema masa, volumen y energía las propiedades extensivas

Por unidad de masa se llaman propiedades específicas y tenemos:

- Energía especifica = $E / m = e$
- Volumen especifico = $v / m = V$
- Energía interna = $u / m = \mu$

Ejemplo:

1. Capacidad calorífica (C).
2. Peso (P)
3. Entalpía (H)
4. Entropía (S).
5. Volumen (V).
6. Trabajo (W).

Presión

Es una magnitud física que mide la fuerza por unidad de superficie, y sirve para caracterizar como se aplica una determinada fuerza resultante sobre una superficie.

En el sistema internacional de unidades (S.I.) la presión se mide en una unidad derivada que se denomina pascal (Pas) que es equivalente a una fuerza total de un newton actuando uniformemente en un metro cuadrado.

Volumen

Es una magnitud definida como el espacio ocupado por un cuerpo.

Es una función derivada ya que se halla multiplicando las tres dimensiones.

Temperatura

Es una magnitud referida a las nociones comunes de caliente o frio. Por lo general, un objeto más "caliente" tendrá una temperatura mayor, y si fuere frío tendrá una temperatura menor. Físicamente es una magnitud relacionada con la energía interna de un sistema termodinámico.

1.12 Gasto O Caudal Másico O Volumétrico

El gasto másico, flujo másico o caudal másico (símbolo) es la magnitud física que expresa la variación de la masa con respecto al tiempo en un área específica. En el Sistema Internacional se mide en unidades de kilogramos por segundo, mientras que en el sistema anglosajón se mide en libras por segundo. Se usa frecuentemente en sistemas termodinámicos como tuberías, toberas, turbinas, compresores o difusores.

Se puede expresar como:

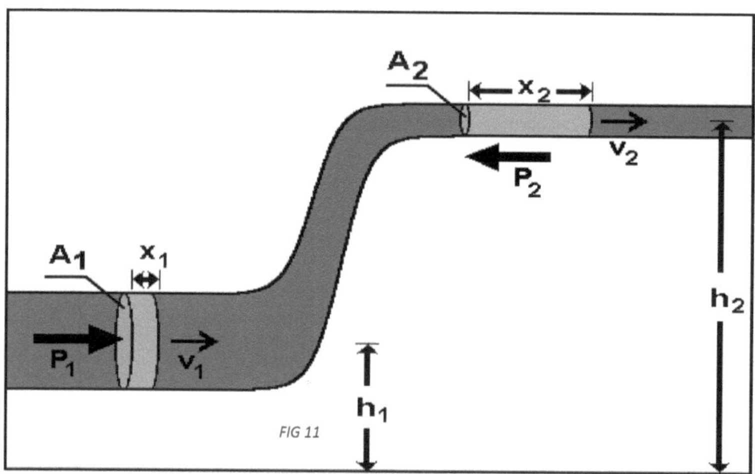

El caudal volumétrico o tasa de flujo de fluidos es el volumen de fluido que pasa por una superficie dada en un tiempo determinado. Usualmente es representado con la letra Q mayúscula.

Algunos ejemplos de medidas de caudal volumétrico son: los *metros cúbicos por segundo* (m^3/s, en unidades básicas del Sistema Internacional) y el *pie cúbico por segundo* (cu ft/sen el sistema inglés de medidas).

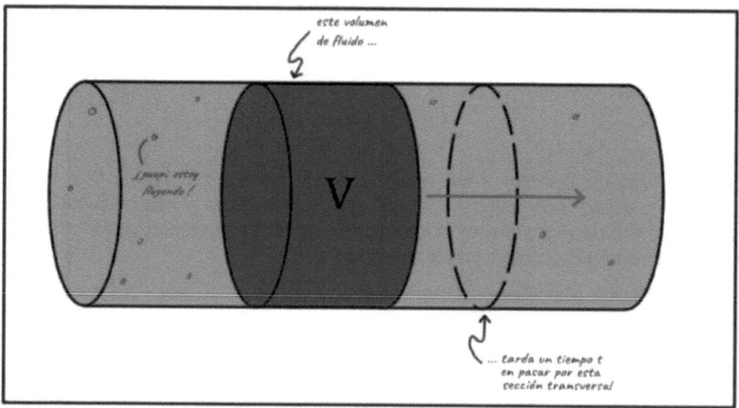

1.13 Determinación experimental de las propiedades físicas

En la práctica puede ser difícil determinar si una determinada propiedad es una propiedad material o no. Por ejemplo, el color puede ser visto y medido, sin embargo, lo que cada persona percibe como color es una interpretación de las propiedades reflectivas de una superficie expuesta a la luz, pero depende de numerosos factores biofísicos y psicológicos asociados a la percepción y que dependen del observador y no del objeto observado. En esos casos algunas propiedades físicas se denominan supervenientes. Una propiedad es superveniente si está asociada a una propiedad física real objetiva, pero tiene aspectos secundarios diferentes de los que subyacen a la propiedad física real. Esto se asemeja a la manera en que los objetos su superveniente respecto a la estructura atómica. Una taza podría tener propiedades físicas como la masa, la forma, el color, la temperatura, pero estas propiedades son supervenientes respecto a la estructura atómica de la taza.

Determinación de propiedades físicas: Densidad, porosidad y capilaridad. Valoración de resultados. Interpretación petrofísica.

Dadas las siguientes rocas: arenisca Ojo de Perdiz, arenisca de Santillana, caliza de Sepúlveda, caliza de Vinaixa, dolomía de Laspra y Granito de Fraguas, se ha realizado su caracterización petrográfica (prácticas 3.1 y 3.2) y se han determinado sus propiedades físicas: densidad, y porosidad y capilaridad (ver ficheros adjuntos).

Valora los resultados obtenidos para las propiedades físicas determinadas, respondiendo las siguientes cuestiones:

- La densidad aparente o densidad de la roca seca se ha obtenido por dos métodos: geométrico e hidrostático, ¿cuál te pare más preciso? Es más preciso el método hidrostático. En el método hidrostático las desviaciones son menores, en valor absoluto se sitúan alrededor de $\pm$ 9 (en valor relativo 0,5 %), mientras que en el método geométrico la media de las desviaciones es $\pm$ 30 (1,3 % en términos relativos).
- En cuanto a los valores obtenidos por ambos métodos, ¿consideras que son similares teniendo en cuenta las desviaciones que existen?, ¿observas alguna tendencia? Teniendo en cuenta los errores cometidos en ambos métodos, pueden considerarse que los valores (densidad aparente o densidad de la roca seca) son similares en: Santillana, Vinaixa, Laspra y Ojo de Perdiz, y existen ligeras diferencias en: Sepúlveda y Fraguas. En general los valores obtenidos por el método hidrostático son mayores que los del geométrico. Esta tendencia puede deberse en principio a dos causas: a) en el método geométrico la falta de material en alguna arista o vértice de la muestra da como resultado menor masa y por tanto menor densidad, b) en el método hidrostático si la saturación de las muestras no es completa la masa saturada es

menor, el volumen obtenido es menor y por tanto la densidad mayor. Desconocemos si el valor verdadero está más próximo al obtenido por un método o por el otro, en cualquier caso, cuando ambos valores son similares cabe pensar que estamos próximos al valor verdadero.

- En el cálculo de la densidad real influye los porcentajes de los distintos minerales, en el caso de que existan diferencias entre los valores obtenidos experimentalmente y los reales,

¿se ve afectada la porosidad abierta?, y ¿la porosidad cerrada?

La porosidad abierta no se ve afectada ya que se obtiene por el método hidrostático (se mide el peso seco, saturado y sumergido) y por tanto no interviene la composición mineral.

La porosidad cerrada si se va afectada ya que se calcula a partir de la diferencia entre la porosidad total y la abierta. La porosidad total considerada en este caso es teórica y se calcula a partir de la composición mineral. Esto significa que pequeñas diferencias en la composición mineral o en los valores de densidad de los minerales generan notables diferencias en la porosidad cerrada

1.14 Aplicaciones

La termodinámica es uno de los campos del conocimiento que más aplicaciones prácticas tiene, en especial en el campo de la ingeniería y las ciencias exactas. En esta sección se presenta a los lectores una serie de documentos que describen aplicaciones diversas de la termodinámica en distintas áreas (procesos industriales, polímeros, bio-tecnología, alimentos, etc.).

Flujos de energía en procesos industriales

Exergy Flows in Industrial Processes

El concepto de energía es definido y aplicado a procesos industriales. El estudio discute el significado de la selección de la definición de eficiencia, limitaciones del sistema y definición del problema. Se presentan los flujos de energía para una planta de acero, así como para una fábrica de papel y pulpa. El estudio establece los flujos de energía en los procesos, y elabora las pérdidas de energía. Para propósitos de cooperación, se describe el sistema de calentamiento de espacio sueco empleando el con-copto de energía.

Termodinámica molecular para algunas aplicaciones en biotecnología

Una aplicación particular de la termodinámica molecular se relaciona con la separación de proteínas acuosas por precipitación selectiva. Para este propósito, se necesitan diagramas de fase; para construirlos, se necesita entender, no solamente la naturaleza cuantitativa de la fase de equilibrio de las proteínas acuosas, sino también las fuerzas moleculares cuantitativas entre las proteínas en solución. Se muestran algunos ejemplos para mostrar como las fuerzas proteína puede calcularse o medirse, para producir un potencial de fuerza media, y como ese potencial se emplea luego junto con un modelo de termodinámica estadística para establecer un equilibrio líquido y líquido cristal. Tal equilibrio no solamente es útil para los procesos de separación, sino también para entender enfermedades como el mal de Alzheimer, las cataratas en los ojos, y anemia, las cuales parecen ser causadas por aglomeración de proteínas.

Cinética y termodinámica de la extracción de aceite a partir de semillas de girasol en presencia de soluciones acuosas ácidas de hexano

Se llevó a cabo una extracción de acei-te en soluciones acuosas de HCl, H_2SO_4 and H_3PO_4 con n-hexano (C_6H14) a 30, 40, 50 and 60°C, empleando 10 gr de semillas de grasol por 1 h con intervalos de muestreo de 10min. La concentración óptima de ácido fue de 10% en peso para cada ácido, y el rendimiento más alto de aceite fue obtenido en el procedimiento de extracción con n-hexano y H_2SO_4. Se observó el proceso de extracción con respecto al porcentaje de rendimiento de aceite vs tiempo, y se encontró que la cinética de reacción era de primer orden por el método diferencial.

2.Formas y tipos de energía

2.1 Relación masa y energía

La expresión $E=mc^2$ implica que la presencia de una cierta cantidad de masa conlleva una cierta cantidad de energía aunque la primera se encuentre en reposo. En mecánica relativista la energía en reposo de un cuerpo es el producto de su masa por su factor de conversión (velocidad de la luz al cuadrado), o que cierta cantidad de energía de un objeto en reposo por unidad de su propia masa es equivalente a la velocidad de la luz al cuadrado. Esto tiene consecuencia en ciertas reacciones entre partículas así un neutrón en reposo puede desintegrarse del siguiente modo:

Es decir, un neutrón desaparece al tiempo que aparece un protón, un electrón y un antineutrino electrónico en su lugar. Pero el principio relativista de la conservación de la energía implica que la energía cinética de las partículas salientes está limitada por:

Que no tiene análogo en mecánica clásica y que está bien demostrada experimentalmente. Este fue un primer éxito de la famosa ecuación de Albert Einstein ya que permitió extender la ley de conservación de la energía a fenómenos como la desintegración radiactiva.

La fórmula establece la relación de proporcionalidad directa entre la energía E (según la definición hamiltoniana) y la masa m, siendo la velocidad de la luz → c elevada al cuadrado la constante de dicha proporcionalidad.

También indica la relación cuantitativa entre masa y energía en cualquier proceso en que una se transforma en la otra, como en una explosión nuclear. Entonces, E puede tomarse como la energía liberada cuando una cierta cantidad de masa m es desintegrada, o como la energía absorbida para crear esa misma cantidad de masa. En ambos casos, la energía (liberada o absorbida) es igual a la masa (destruida o creada) multiplicada por el cuadrado de la velocidad de la luz.

Energía en reposo = Masa × (Constante de la luz) ²

2.2 Formas de energía

Las formas de energía son distintas manifestaciones de lo mismo: Energía. Es decir, "formas de energías" son los distintos tipos de "visualización" en los que la energía se manifiesta en la naturaleza.
En la naturaleza existen diferentes formas en las que se encuentra la energía:
La energía química: Es la energía almacenada dentro de los productos químicos. Los combustibles como la madera, el carbón, y el petróleo, son claros ejemplos de almacenamiento de energía en forma química. También es la energía producida en las reacciones químicas.
Ejemplo de transformación de la energía: En los fuegos artificiales, la energía química se transforma en energía térmica, luminosa, sonora y de movimiento.
La energía térmica: Es el efecto de las partículas en movimiento. Es la energía que se desprende en forma de calor. Puede extraerse de la naturaleza mediante reacciones nucleares, mediante energía eléctrica por efecto Joule, mediante una reacción exotérmica, mediante medios de aprovechamiento de la energía geotérmica, o mediante medios de aprovechamiento de energía solar. Un ejemplo de energía térmica es la energía de la biomasa.
Toda sustancia se compone de moléculas, estas moléculas están en constante movimiento. Cuanto más caliente está algo, es porque más rápido se están moviendo las moléculas.
La energía mecánica: Dentro de la energía mecánica hay dos tipos de energía mecánica: la energía cinética y la energía potencial. La suma de ambas siempre se mantiene constante y es igual a la energía mecánica (salvo en sistemas en los que actúen fuerzas no conservativas). Un ejemplo de esta forma de energía es la energía de las olas.

La energía cinética es la energía que tiene un cuerpo en movimiento. Cuanto más rápido se mueven, más energía cinética posen. La cantidad de energía cinética que tiene un cuerpo, depende de la masa que está en movimiento y de la velocidad a la que se desplaza esa masa. Un ejemplo de aprovechamiento de la energía cinética, es el viento (con la energía eólica), que también se puede aprovechar en el mar, como con la energía eólica offshore.
La energía potencial es la energía almacenada, la energía que mide la capacidad de realizar trabajo. Cualquier objeto que esté situado a cierta altura tiene energía potencial gravitatoria.
Por ejemplo, el agua que está en una presa tiene energía potencial a causa de su posición. El agua puede caer desde esta posición y ejercer una fuerza

desde una distancia y, por tanto, hacer trabajo, en este caso: accionar una turbina para generar electricidad.

La energía electromagnética: Es la energía debida a la presencia de un campo electromagnético, y es proporcional a la suma de los cuadrados de los valores del campo eléctrico, y del campo magnético, en un punto del espacio.

La energía luminosa o lumínica: Se manifiesta y es transportada por ondas luminosas. Sin ella no habría vida en la Tierra. No debe confundirse con la energía radiante. Es una forma de energía electromagnética. Se puede transformar en energía eléctrica, mediante el efecto fotoeléctrico, y esto es la energía solar fotovoltaica.

La energía sonora: De entre las distintas formas de energías, es la energía transportada por ondas sonoras. La energía sonora es otro efecto de las moléculas en movimiento, procede de la energía vibracional del foco sonoro.

Pero, ¿qué es la energía? Energía es la capacidad para realizar un trabajo.

Es importante tener en cuenta que la energía ni se crea ni se destruye sólo se transforma. Por lo que todos los procesos que manejan energía, involucran un cambio en la forma en la que la energía se manifiesta. Es decir, que se va pasando de un tipo a otro de forma de energía entre las descritas anteriormente.

2.3 Tipos de energía

La Energía puede manifestarse de diferentes maneras: en forma de movimiento (cinética), de posición (potencial), de calor, de electricidad, de radiaciones electromagnéticas, etc. Según sea el proceso, la energía se denomina:

Energía térmica. - Es el efecto de las partículas en movimiento. Es la energía que se desprende en forma de calor. Puede extraerse de la naturaleza mediante reacciones nucleares, mediante energía eléctrica por efecto Joule, mediante una reacción exotérmica, mediante medios de aprovechamiento de la energía geotérmica, o mediante medios de aprovechamiento de energía solar. Un ejemplo de energía térmica es la energía de la biomasa.

Energía eléctrica. – Es la energía que resulta de la existencia de una diferencia de potencial entre dos puntos, lo que permite establecer una corriente eléctrica entre ambos cuando se los pone en contacto por medio de un conductor eléctrico.

Energía radiante. - Es la energía que poseen las ondas electromagnéticas[1] como la luz visible, las ondas de radio, los rayos ultravioletas (UV), los rayos infrarrojos (IR), etc. La característica principal de esta energía es que se propaga en el vacío sin necesidad de soporte material alguno. Se transmite por unidades llamadas fotones.

Energía química. - La energía química es el potencial de una sustancia química para experimentar una transformación a través de una reacción química o, de transformarse en otras sustancias químicas. Formar o romper enlaces químicos implica energía. Esta energía puede ser absorbida o evolucionar desde un sistema químico.

La energía que puede ser liberada (o absorbida) por una reacción entre un conjunto de sustancias químicas es igual a la diferencia entre la cantidad de energía de los productos y de los reactivos. Este cambio en energía se llama energía interna de una reacción química.

Energía nuclear. - La energía nuclear es la energía interna en el núcleo atómico, es decir, la parte central de un átomo. Los átomos son las partículas más pequeñas en que se puede dividir un material. El núcleo de un átomo está compuesto por dos subpartículas: los neutrones y los protones. Estas subpartículas están se mantienen juntas debido a unos enlaces de energía. En el momento en que se modifican estos enlaces se desprende una gran cantidad de energía térmica en forma de calor.

La tecnología nuclear se ocupa del aprovechamiento de esta energía interna para una gran variedad de aplicaciones. La aplicación más conocida de la energía nuclear es la generación de energía eléctrica en las centrales nucleares de potencia.

2.4 Concepto de energía

Es una propiedad inherente a los objetos y sustancias y se manifiesta en las transformaciones que ocurren en la naturaleza. Se manifiesta en los cambios físicos, por ejemplo, al elevar un objeto, transportarlo, deformarlo o calentarlo, y está presente también en los cambios químicos, como al quemar un trozo de madera o en la descomposición de agua mediante la corriente eléctrica. Definición La energía es la capacidad de los cuerpos o conjunto de éstos para efectuar un trabajo. Todo cuerpo material que pasa de un estado a otro origina fenómenos físicos que representan manifestaciones de alguna transformación de la energía. Capacidad de un cuerpo o sistema para realizar un trabajo. La energía eléctrica se mide en kilowatt-hora (kWh).

2.5 Equivalente mecánico del calor (J)

En la historia de la ciencia, el concepto de equivalente mecánico del calor hace referencia a que el movimiento y el calor son mutuamente intercambiables, y que en todos los casos, una determinada cantidad de trabajo podría generar la misma cantidad de calor siempre que el trabajo hecho se convirtiese totalmente en energía calorífica. El equivalente mecánico del calor fue un concepto que tuvo un papel importante en el desarrollo y aceptación del principio de la conservación de la energía y en el establecimiento de la ciencia de la termodinámica en el siglo XIX.

2.6 Medidas de la energía mecánica y calórica

La rama de la física que estudia y analiza el movimiento y reposo de los cuerpos, y su evolución en el tiempo, bajo la acción de fuerzas se denomina mecánica. En un cuerpo existen fundamentalmente dos tipos de energía que pueden influir en su estado de reposo o movimiento: la energía cinética y la potencial.

Llamamos energía mecánica de un cuerpo a la suma de la energía cinética Ec y potencial Ep que posee:

$$Em = Ec + Ep$$

Es importante señalar que la energía potencial, de modo general, cuenta con distintas contribuciones. En este tema nos centraremos en la energía potencial gravitatoria y la energía potencial elástica.

$$Ep = Epg + Epe$$

La energía térmica (también energía calórica o energía calorífica) es la manifestación de la energía en forma de calor. En todos los materiales los átomos que forman sus moléculas están en continuo movimiento ya sea trasladándose o vibrando. Este movimiento implica que los átomos tengan una determinada energía cinética a la que nosotros llamamos calor, energía térmica o energía calorífica.

Si se aumenta temperatura a un elemento aumenta su energía térmica; pero no siempre que se aumenta la energía térmica de un cuerpo aumenta su temperatura ya que en los cambios de fase (de líquido a gas, por ejemplo) la temperatura se mantiene. Por ejemplo, al calentar un cazo de agua, poco a poco le vamos dando energía térmica y va aumentando su temperatura, pero cuando llega a los 100°C (temperatura de ebullición) la energía térmica que le suministramos a partir de este momento se utiliza para cambiar de fase (de líquido a gas, es decir, a vapor de agua) pero no para aumentar su temperatura.

2.7 Energía total

2.8 Energía especifica

2.9 Energía térmica: componentes

Una instalación Solar Térmica está formada por captadores solares, un circuito primario y secundario, intercambiador de calor, acumulador, vaso de expansión y tuberías.

Si el sistema funciona por Termosifón será la diferencia de densidad por cambio de temperatura la que moverá el líquido. Si el sistema es forzado, además necesitaremos bombas y un panel de control principal.

Captadores solares.

Elementos que capturan la radiación solar y la convierten en energía térmica, en calor.

Circuito primario

Es circuito cerrado, transporta el calor desde el captador hasta el acumulador (sistema que almacena calor). El líquido calentado (agua o una mezcla de sustancias que puedan transportar el calor) lleva el calor hasta el acumulador. Una vez enfriado, vuelve al colector para volver a calentar, y así sucesivamente.

Intercambiador de calor

El intercambiador de calor calienta el agua de consumo a través del calor captado de la radiación solar. Se sitúa en el circuito primario, en su extremo. Tiene forma de serpentín, ya que así se consigue aumentar la superficie de contacto y, por lo tanto, la eficiencia. El agua que entra en el acumulador, siempre que esté más fría que el serpentín, se calentará. Esta agua, calentada en horas de sol, nos quedará disponible para el consumo posterior.

Acumulador

El acumulador es un depósito donde se acumula el agua calentada útil para el consumo. Tiene una entrada para el agua fría y una salida para la caliente. La fría entra por debajo del acumulador donde se encuentra con el intercambiador, a medida que se calienta se desplaza hacia arriba, que es desde por donde saldrá el agua caliente para el consumo.

Circuito secundario

Por el circuito secundario o de consumo (circuito abierto), entra agua fría de suministro y por el otro extremo del agua calentada se consume (ducha, lavabo, …). El agua fría pasa por el acumulador, primeramente, donde calienta el agua caliente hasta llegar a una cierta temperatura.

Bombas

Las bombas, en caso de que la instalación sea de circulación forzada, son de tipo recirculación (suele haber dos por circuito), trabajando una la mitad del día, y la pareja, la mitad del tiempo restante. En total y tal como se define anteriormente, suele haber 4 bombas, dos en cada circuito. Dos en el circuito primario que bombean el agua de los colectores y las otras dos en el circuito secundario que bombean el agua de los acumuladores, en el caso de una instalación de tipo circulación forzada.

Vaso de expansión

El vaso de expansión absorbe variaciones de volumen del fluido caloportador, el cual circula por los conductos del captador, manteniendo la presión adecuada y evitando pérdidas de la masa del fluido. Es un recipiente con una cámara de gas separada de la de líquidos y con una presión inicial en función de la altura de la instalación.

Tuberías

Las tuberías de la instalación se encuentran recubiertas de un aislante térmico para evitar pérdidas de calor con el entorno.

Panel de control
Se dispone también de un panel principal de control en la instalación, donde se muestran las temperaturas en cada instante (un regulador térmico), de manera que pueda controlarse el funcionamiento del sistema en cualquier momento.

2.10 Energía potencial

Es la energía mecánica asociada a la localización de un cuerpo dentro de un campo de fuerzas (gravitatoria, electrostática, etc.) o a la existencia de un campo de fuerzas en el interior de un cuerpo (energía elástica). La energía potencial de un cuerpo es una consecuencia de que el sistema de fuerzas que actúa sobre el mismo sea conservativo.

Independientemente de la fuerza que la origine, la energía potencial que posee el sistema físico representa la energía "almacenada" en virtud de su posición y/o configuración, por contraposición con la energía cinética que tiene y que representa su energía debida al movimiento. Para un sistema conservativo, la suma de energía cinética y potencial es constante, eso justifica el nombre de fuerzas conservativas, es decir, aquellas que hacen que la energía "se conserve". El concepto de energía potencial también puede usarse para sistemas físicos en los que intervienen fuerzas disipativas, y que por tanto no conservan la energía, sólo que en ese caso la energía mecánica total no será constante, y para aplicar el principio de conservación de la energía es necesario contabilizar la disipación de energía.

El valor de la energía potencial depende siempre del punto o configuración de referencia escogido para medirla, por esa razón se dice a veces que físicamente sólo importa la variación de energía potencial entre dos configuraciones.

La energía potencial interviene como se ha mencionado en el principio de conservación de la energía y su campo de aplicación es muy general. Está presente no solo en la física clásica, sino también de la física relativista y física cuántica. El concepto se ha generalizado también a la física de partículas, donde se han llegado a utilizar potenciales complejos con el objeto de incluir también la energía disipada por el sistema.

2.11 Energía cinética

En física, la energía cinética de un cuerpo es aquella energía que posee debido a su movimiento. Se define como el trabajo necesario para acelerar un cuerpo de una masa determinada desde el reposo hasta la velocidad indicada. Una vez conseguida esta energía durante la aceleración, el cuerpo mantiene su energía cinética salvo que cambie su velocidad. Para que el cuerpo regrese a su estado de reposo se requiere un trabajo negativo de la misma magnitud que su energía cinética. Suele ser simbolizada con letra E_- o E_+ (a veces también P o M).

2.12 Energía interna

La energía interna se define como la energía asociada con el movimiento aleatorio y desordenado de las moléculas. Está en una escala separada de la energía macroscópica ordenada, que se asocia con los objetos en movimiento.

Se refiere a la energía microscópica invisible de la escala atómica y molecular. Por ejemplo, un vaso de agua a temperatura ambiente sobre una mesa, no tiene energía aparente, ya sea potencial o cinética. Pero en escala microscópica, es un hervidero de moléculas de alta velocidad que viajan a cientos de metros por segundo. Si el agua se tirase por la habitación, esta energía microscópica no sería cambiada necesariamente por la súper imposición de un movimiento ordenada a gran escala, sobre el agua como un todo.

2.13 Trabajo

El trabajo termodinámico se define como la energía que se transfiere entre un sistema y su entorno *cuando entre ambos se ejerce una fuerza. Numéricamente, el trabajo infinitesimal "dW" que realiza una* fuerza *"F" al sufrir su punto de aplicación un desplazamiento "dr" viene dado por la expresión:*

$$dW = F\, dr$$

, siendo por lo tanto una magnitud escalar. *El trabajo total en un desplazamiento finito del punto de aplicación de la fuerza se obtiene por integración de la expresión anterior:*

$$W = F\Delta r$$

, para lo cual es necesario conocer la relación entre "F" y "dr" si la fuerza no es constante.

Si un sistema en conjunto ejerce una fuerza sobre o por el medio que lo rodea y tiene lugar un desplazamiento del punto de aplicación de aquélla, el trabajo realizado por o sobre el sistema se denomina trabajo externo. Si el trabajo se realiza por una parte sobre otra se denomina trabajo interno. En Termodinámica el trabajo interno no tiene interés y sólo importa el trabajo externo, que supone una interacción entre un sistema y su medio exterior.

2.14 Calor

El calor (representado con la letra Q) es la energía transferida de un sistema a otro (o de un sistema a sus alrededores) debido en general a una diferencia de temperatura entre ellos. El calor que absorbe o cede un sistema termodinámico depende normalmente del tipo de transformación que ha experimentado dicho sistema.

Dos o más cuerpos en contacto que se encuentran a distinta temperatura alcanzan, pasado un tiempo, el equilibrio térmico (misma temperatura). Este hecho se conoce como Principio Cero de la Termodinámica,

Un aspecto del calor que conviene resaltar es que los cuerpos no almacenan calor sino energía interna. El calor es por tanto la transferencia de parte de dicha energía interna de un sistema a otro, con la condición de que ambos estén a diferente temperatura. Sus unidades en el Sistema Internacional son los julios (J)

La expresión que relaciona la cantidad de calor que intercambia una masa m de una cierta sustancia con la variación de temperatura Δt que experimenta es:

$$Q = mc\Delta t$$

donde c es el calor específico de la sustancia.

2.15 Ecuaciones de energía para sistemas abiertos y cerrados

2.16 Entalpia

La Entalpía es la cantidad de energía de un sistema termodinámico que éste puede intercambiar con su entorno. Por ejemplo, en una reacción química a presión constante, el cambio de entalpía del sistema es el calor absorbido o desprendido en la reacción. En un cambio de fase, por ejemplo, de líquido a gas, el cambio de entalpía del sistema es el calor latente, en este caso el de vaporización. En un simple cambio de temperatura, el cambio de entalpía por cada grado de variación corresponde a la capacidad calorífica del sistema a presión constante. El término de entalpía fue acuñado por el físico alemán Rudolf J.E. Clausius en 1850. Matemáticamente, la entalpía $H\ es\ igual\ a\ U + pV,$ donde U es la energía interna, p es la presión y V es el volumen. H se mide en julios.

$$H = U + pV$$

Cuando un sistema pasa desde unas condiciones iniciales hasta otras finales, se mide el cambio de entalpía (ΔH).

$$\Delta H = Hf - Hi$$

2.17 ENTROPÍA

La termodinámica, por definirla de una manera muy simple, fija su atención en el interior de los sistemas físicos, en los intercambios de energía en forma de calor que se llevan a cabo entre un sistema y otro y tiene sus propias leyes.

Uno de los soportes fundamentales de la Segunda Ley de la Termodinámica es la función denominada entropía que sirve para medir el grado de desorden dentro de un proceso y permite distinguir la energía útil, que es la que se convierte en su totalidad en trabajo, de la inútil, que se pierde en el medio ambiente.

La segunda ley de la termodinámica fue denunciada por S. Carnot en 1824. Se puede enunciar de muchas formas, pero una sencilla y precisa es la siguiente:

"La evolución espontánea de un sistema aislado se traduce siempre en un aumento de su entropía."

La palabra entropía fue utilizada por Clausius en 1850 para calificar el grado de desorden de un sistema. Por tanto, la segunda ley de la termodinámica está diciendo que los sistemas aislados tienden al desorden, a la entropía.

Este desorden se grafica en la mayor o menor producción de energía disponible o no disponible, y sobre esta base, también podemos definir la entropía como el índice de la cantidad de energía no disponible en un sistema termodinámico dado en un momento de su evolución.

Según esta definición, en termodinámica hay que distinguir entre energía disponible o libre, que puede ser transformada en trabajo y energía no disponible o limitada, que no puede ser transformada en él.

2.18 Primera ley de la termodinámica

La primera ley de la termodinámica piensa en grande: se refiere a la cantidad total de energía en el universo, y en particular declara que esta cantidad total no cambia. Dicho de otra manera, la Primera ley de la termodinámica dice que la energía no se puede crear ni destruir, solo puede cambiarse o transferirse de un objeto a otro.

2.19 Segunda ley de la termodinámica

A primera vista, la primera ley de la termodinámica puede parecer una gran noticia. Si la energía nunca se crea ni se destruye, eso significa que la energía puede simplemente ser reciclada una y otra vez, ¿cierto?

Pues... sí y no. La energía no puede ser creada ni destruida, pero puede cambiar de formas más útiles a formas menos útiles. La verdad es que, en cada transferencia o transformación de energía en el mundo real, cierta cantidad de energía se convierte en una forma que es inutilizable (incapaz de realizar trabajo). En la mayoría de los casos, esta energía inutilizable adopta la forma de calor.

2.20 APLICACIONES

La termodinámica es útil para todo. Para empezar hay que delimitar a qué se dedica la termodinámica:

1° La termodinámica se ocupa de los intercambios energéticos entre los sistemas.

2° La termodinámica establece la espontaneidad de los procesos que se dan entre los sistemas.

3° La termodinámica es una rama de la física puramente empírica, por lo tanto sus aseveraciones son en cierto sentido absolutas.

Las utilidades, además de las ya comentadas se pueden agrupar en los siguientes campos esenciales (bajo mi punto de vista).

El estudio del rendimiento de reacciones energéticas.

El estudio de la viabilidad de reacciones químicas.

El estudio de las propiedades térmicas de los sistemas (como ya han comentado dilataciones, contracciones y cambios de fase).

Establece rangos delimitados de los procesos posibles en función de leyes negativas.

3 Unidad

3.1. REVERSIBILIDAD

Durante las reacciones químicas se observa una tendencia natural del sistema a alcanzar un estado de equilibrio dinámico.
En una reacción general del tipo
$$\alpha A + bB \rightleftharpoons cC + dD$$
La doble flecha $\rightleftharpoons$ indica que la reacción es reversible
Según la ley de acción de masas o ley del equilibrio en el equilibrio se obtiene la siguiente relación:
$$\frac{[C]^c[D]^d}{[A]^a[B]^b} = Kc$$
Donde las letras mayúsculas A, B, C, D son usadas para representar diferentes sustancias (especies moleculares) y las minúsculas representan los coeficientes estequiométricos que aparecen en la ecuación balanceada y que nos dice cuántas moléculas de las diferentes sustancias intervienen en la reacción. El símbolo [], es utilizado para representar concentración.
La constante de equilibrio K_c es un número adimensional que se obtiene al multiplicar las concentraciones molares en el equilibrio de todos los productos y dividiendo por el producto de las concentraciones molares en el equilibrio de todos los reactivos elevadas como potencia de sus coeficientes estequiométricos. La constante de equilibrio puede simbolizarse también por, ex K_p presa en función de las presiones (en atmósferas) de los gases, considerados ideales, que intervienen en un sistema homogéneo en estado gaseoso. Esto es:

$$\frac{[P_C]^c[P_D]^d}{[P_A]^a[P_B]^b} = Kp$$

Con independencia de las concentraciones individuales en el equilibrio en un particular experimento, la constante de equilibrio para una reacción K_c o </math>a una temperatura particular siempre tiene el mismo valor.

Por ejemplo:

Supongamos que mezclamos yodo sólido e hidrógeno gaseoso en una cámara cerrada y calentamos. Tiene lugar la reacción endotérmica de formación de ioduro de hidrógeno HI forma espontánea:

$$I_2 + H_2(g) + \ calor \ \rightleftharpoons \ 2HI(g)$$

Solo a medida que se forma ioduro de hidrógeno se inicia la reacción exotérmica opuesta de descomposición. Él HI es una sustancia inestable que se descompone de nuevo en sus elementos. El gas puro del laboratorio es incoloro, pero cuando se hace en el laboratorio el gas tiene un color violeta, que indica la presencia de yodo (I). De hecho, el ioduro de hidrógeno se descompone en una apreciable cantidad siguiendo la reacción inversa de la reacción expresada anteriormente.

Al principio es mayor la velocidad de producción de HI que la descomposición de este. A medida que transcurre el tiempo, los dos procesos directo e inverso van cambiando la velocidad hasta que ambas velocidades se igualan en magnitud. El sistema químico ha alcanzado un estado de equilibrio durante el cual se producen simultánea y espontáneamente los procesos directos e inversos. La K_c para este equilibrio a 100°C es de 0.00271.

Cuando la reacción se verifica en un recipiente abierto y se obtiene un gas (sistema químico abierto), el proceso es irreversible, pues no había forma de recuperar el gas obtenido para invertir la reacción. En un sistema abierto las reacciones reversibles pueden hacer irreversibles. En un sistema cerrado, las reacciones lo son en todos los casos.

Cociente de reacción

Se llama cociente de reacción al valor del cociente entre las concentraciones de productos y reactivos en cualquier momento de la reacción. El cociente de reacción es simbolizado con la letra Q. Es decir, si se aplica la ley de acción de masas a una reacción reversible que no ha alcanzado todavía el equilibrio, la expresión que se obtiene es el cociente de reacción.

El cociente de reacción tiene, por tanto, la misma expresión que la ley de acción de masas, pero referida a las concentraciones de las distintas sustancias en cualquier momento de la reacción, no solo en el equilibrio (si se trata de una reacción que transcurre en fase gaseosa, se puede expresar el cociente de reacción con las presiones parciales de los gases que intervienen en la reacción). Por otra parte, en el equilibrio se tiene que $Q = K_{eq}$

Debido a esto se puede predecir en qué sentido va a seguir avanzando la reacción si conocemos las concentraciones o, en su caso, las presiones de las sustancias que intervienen en la reacción. Como la reacción avanza en el sentido de alcanzar el equilibrio, es decir alcanzar, el K_{eq} valor del cociente de reacción Q tenderá a acercarse al valor de la constante de equilibrio

Entonces sí:

$Q > K_{eq}$, la reacción está desplazada hacia la derecha (sentido directo), se producen muchos productos y para alcanzar el equilibrio avanzará hacia la izquierda (sentido inverso). Esto es en sentido neto la reacción se desplazará de derecha a izquierda para alcanzar el equilibrio.

$Q < K_{eq}$, la reacción está desplazada hacia la izquierda, hay muchos reactivos y para llegar al equilibrio la reacción avanzará hacia la derecha (sentido directo). Esto es, en sentido neto la reacción se desplazará de izquierda a derecha hasta alcanzar el equilibrio.

$Q = K_{eq}$, la reacción se encuentra en equilibrio dinámico.

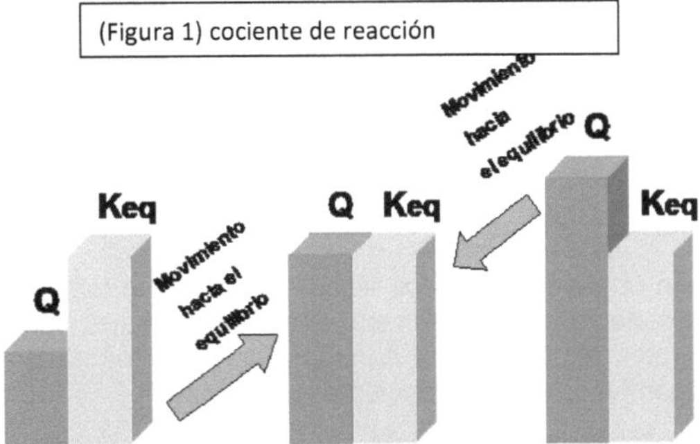

3.2. IRREVERSIBILIDADES O PERDIDAS

En termodinámica, el concepto de irreversibilidad se aplica a aquellos procesos que, como la entropía, no son reversibles en el tiempo. Desde esta perspectiva termodinámica, todos los procesos naturales son irreversibles. El fenómeno de la irreversibilidad resulta del hecho de que, si un sistema termodinámico de moléculas interactivas es trasladado de un estado termodinámico a otro, ello dará como resultado que la configuración o distribución de átomos y moléculas en el seno de dicho sistema variará.

Cierta cantidad de "energía de transformación" se activará cuando las moléculas del "cuerpo de trabajo" interaccionen entre sí al cambiar de un estado a otro. Durante esta transformación, habrá cierta pérdida o disipación de energía calorífica, atribuible al rozamiento intermolecular y a las colisiones.

Lo importante es que dicha energía no será recuperable si el proceso se invierte.

Absoluto contra reversibilidad estadística

La termodinámica define el comportamiento estadístico de muchas entidades, cuyo exacto comportamiento es dado por leyes más específicas. Debido a que las leyes fundamentales de la física son en todo momento reversibles,[1] puede argumentarse que la irreversibilidad de la termodinámica debe presentarse estadísticamente en la naturaleza, es decir, que debe simplemente ser muy improbable, pero no imposible, que la entropía disminuya con el tiempo en un sistema dado.

Historia

El físico alemán Rudolf Clausius, en los años 50 del siglo XIX, fue el primero en cuantificar matemáticamente el fenómeno de la irreversibilidad en la naturaleza, y lo hizo a través de la introducción del concepto de entropía. En su escrito de 1854 "Sobre la modificación del segundo teorema fundamental en la teoría mecánica del calor", Clausius afirma:

Podría ocurrir, además, que en lugar de un descenso en la transmisión de calor que acompañaría, en el único y mismo proceso, la transmisión en aumento, puede ocurrir otro cambio permanente, que tiene la peculiaridad de no ser reversible, sin que pueda tampoco ser reemplazado por un nuevo cambio permanente de una clase similar, o producir un descenso en la transmisión de calor.

Sistemas Complejos

Sin embargo, aun en el caso de que los físicos afirmen que todo proceso es irreversible en cierto sentido, la diferencia entre los eventos reversibles e irreversibles tiene valor explicativo, si son considerados los sistemas más complejos, como organismos vivos, especies o ecosistemas.

De acuerdo con los biólogos Humberto Maturana y Francisco Varela, los seres vivos se caracterizan por la autopoiesis, que permite su existencia en el tiempo.

Formas más primitivas de sistemas autoorganizados han sido descritas por el físico y químico belga Ilya Prigogine. En el contexto de sistemas complejos, los eventos que resultan al final de ciertos procesos autoorganizativos, como la muerte, la extinción de una especie o el colapso de un sistema meteorológico, pueden ser considerados irreversibles.

Incluso si desarrollamos un clon con el mismo principio organizativo (por ejemplo, idéntica estructura de ADN), esto no quiere decir que el viejo sistema volviese a reproducirse. Los eventos a los que pueden adaptarse las capacidades de autoorganización de los organismos, especies u otros sistemas complejos, de la misma manera que lesiones menores o cambios en el ambiente físico, son reversibles. Principios ecológicos como la sostenibilidad y el principio de precaución pueden ser definidos con referencia al concepto de reversibilidad.

Con todo, la postura de Ilya Prigogine sobre la irreversibilidad y la entropía varía con respecto a la de la física tradicional. En su conferencia El nacimiento del tiempo (Roma, 1987), el científico sostuvo:

La entropía contiene siempre dos elementos dialécticos: un elemento creador de desorden, pero también un elemento creador de orden. (...) Vemos, pues, que la inestabilidad, las fluctuaciones y la irreversibilidad desempeñan un papel en todos los niveles de la naturaleza: químico, ecológico, climatológico, biológico -con la formación de biomoléculas-, y finalmente cosmológico.

De esta manera, se observa que el fenómeno de la irreversibilidad para Prigogine tiene carácter constructivo, destacando el "papel creativo del tiempo", lo que, al menos a nivel macroscópico, supone una especie de anti-entropía:

La irreversibilidad, el cambio de la entropía y la pérdida de trabajo

Consideremos un sistema en contacto con un reservorio de calor durante un proceso reversible. Si hay calor absorbido Q por el reservorio a temperatura T, el cambio en el reservorio está dado por $\Delta S = \frac{Q}{T}$. En general, el proceso reversible está acompañado por intercambio de calor que ocurre a diferentes temperaturas. Para analizar esto, podemos visualizar un esquema de reservorios de calor a diferentes temperaturas, así que durante una porción infinitesimal del ciclo no existirá ninguna transferencia sobre una diferencia finita de temperatura.

Durante cualquier porción diferencias, el calor dQ_{rev} será transferido entre el sistema y uno de los reservorios el cual está a una temperatura. Si dQ_{rev} es absorbido por el sistema, el cambio de la entropía del sistema es

$$dS_{sistema} = \frac{dQ_{rev}}{T}$$

mientras que el cambio de entropía del reservorio está dado por

$$dS_{reservorio} = -\frac{dQ_{rev}}{T}$$

El cambio total de entropía del sistema y los alrededores

$$dS_{Total} = dS_{sistema} + dS_{reservorio} = 0$$

Esto es cierto si existe una cantidad de calor expelida por el sistema.

La conclusión es que, para un proceso reversible, no ocurren cambios en la entropía total producida o generada, esto es, la entropía del sistema más la entropía de los alrededores es

$$\Delta S_{Total} = 0$$

Ahora hagamos el mismo análisis, pero para un proceso irreversible que considera al sistema en los mismos estados propuestos para el proceso reversible. Esto se muestra esquemáticamente en la figura (2), con R denotando la trayectoria reversible y con I para la trayectoria irreversible entre los estados A y B. En el proceso reversible, el sistema recibe calor dQ y realiza trabajo dW.

(Figura 2): Cambio reversible (R) y cambio irreversible (I) entre los estados A y B

El cambio en la energía interna para el proceso irreversible está dado por

$$dU = dQ - dW$$

que es siempre valida con base en la Primera Ley.

Para el proceso reversible es

$$dU = TdS - dW_{rev}$$

Tratándose de un ciclo termodinámico, el cambio de la energía interna entre los dos procesos es el mismo. Igualando las ecuaciones anteriores escribimos

$$dQ_{real} - dW_{real} = TdS - dW_{rev}$$

donde el subíndice real se refiere al proceso real que es irreversible. El cambio de entropía asociado con el cambio de estado es

$$dS = \frac{dQ_{real}}{T} + \frac{1}{T}[dW_{rev} < tex2html_comment_m > 1943 - dW_{real}]$$

Es claro que, si el proceso es irreversible, obtenemos menos trabajo que para un proceso reversible, tal que $dW_{real} < dW_{rev}$, así que para un proceso irreversible

$$dS > \frac{dQ_{real}}{T}$$

Note que no existe el signo de igualdad entre el cambio de entropía dS y la cantidad $\frac{dQ_{real}}{T}$ para un proceso irreversible. La igualdad sólo se aplica para procesos reversibles.

El cambio en la entropía para cualquier proceso que incluye la transformación entre el estado inicial a y el estado inicial b es, por tanto

$$\Delta S = S_b - S_a \geq \int_a^b \frac{dQ_{real}}{T}$$

donde dQ_{real} es el intercambio de calor real del proceso. La igualdad sólo aplica para un proceso reversible

La diferencia entre $dW_{rev} - dW_{real}$, representa el trabajo que se pudo haber obtenido, pero que no fue así. Éste refiere comúnmente como trabajo perdido y se denota mediante

$$dW_{loat} = [dW_{rev} - dW_{real}]$$

De esta manera podemos escribir

$$dS = \frac{dQ_{real}}{T} + \frac{dW_{loat}}{T}$$

Esta ecuación muestra que la entropía de un sistema se puede alterar de dos maneras: (i) a través del intercambio de calor y (ii) a través de las irreversibilidades

Para aplicar la Segunda Ley de la Termodinámica consideramos el cambio total de entropía (sistema más alrededores). Si los alrededores son un reservorio a temperatura T con el que el sistema intercambia calor,

$$dS_{reservorio}(= dS_{alrededores}) = -\frac{dQ_{real}}{T}$$

El cambio total de entropía es, por tanto

$$dS_t = dS_{sis} + dS_{alr} = \left(\frac{dQ_{real} < tex2html_{c}omment_{m}ark > 1952}{T} + \frac{dW_{loat}}{T} \right)$$

Así

$$dS_{total} = \frac{dW_{loat}}{T} \geq 0$$

donde la cantidad $\frac{dW_{loat}}{T}$ es la entropía generada por la irreversibilidad.

Más aún, podemos indicar para el sistema

$$dS_{sistema} = dS_{TC} + dS_{Gen}$$

El trabajo perdido también se llama disipación y se denota por $d\Phi$. Utilizando esta notación, el cambio de entropía infinitesimal del sistema es entonces

$$dS_{sistema} = dS_{TC} + \frac{d\Phi}{T}$$

bien

$$TdS_{sistema} = dQ + d\Phi$$

Podemos escribir la razón de entropía por unidad de tiempo

$$\frac{dS}{dt} = S = (S_{TC}) + (S_{Gen})$$

La entropía del sistema S se afecta por dos factores, el flujo de calor Q y la adición de entropía que entra al sistema dS_{Gen} debido a la irreversibilidad. Esta adición de entropía es cero cuando el proceso es reversible y siempre es positivo cuando el proceso es irreversible. Así, uno puede decir que el sistema desarrolla fuentes que generan entropía durante un proceso irreversible. La Segunda Ley afirma que los sumideros de entropía son imposibles en la naturaleza, que es una manera gráfica de decir que dS_{Gen} y S_{Gen} son positivas definidas (siempre mayores que cero) y cero es el caso especial para un proceso reversible.

El término

$$S_{TC} = \frac{1}{T}\frac{dQ}{dt} = \frac{Q}{T}$$

el cuál se asocia con la transferencia de calor hacia el sistema, se puede interpretar como flujo de entropía. La frontera es traspasada por el calor y el cociente de este flujo del calor con la temperatura se puede definir como flujo de la entropía.

Para el flujo de entropía no hay restricciones en el signo asociado a esta cantidad, podemos decir que este flujo entra y contribuye al aumento de entropía del sistema, mientras que si sale disminuye la entropía del sistema.

Durante un proceso reversible, únicamente este flujo es el que afecta la entropía del sistema.

3.3. CALOR ESPECIFICO

En física, se entiende por calor específico, capacidad térmica específica o capacidad calórica específica a la cantidad de calor que una sustancia o un sistema termodinámico es capaz de absorber antes de incrementar su temperatura en una unidad. Es decir, el calor específico mide la cantidad de calor necesaria para producir esa variación de la temperatura en una unidad.

El calor específico (representado con una c minúscula) depende de otras variables, como son la temperatura inicial, la masa de la sustancia o del sistema y la capacidad calorífica (representada por una C mayúscula), que es el coeficiente de incremento de temperatura en una unidad de la totalidad del sistema o la masa entera de la sustancia.

Además de ello, el calor específico varía de acuerdo al estado físico de la materia, sobre todo en los casos de los sólidos y los gases, pues su particular estructura molecular incide en la transmisión del calor dentro del sistema de partículas. Lo mismo ocurre con las condiciones de presión atmosférica: a mayor presión menor calor específico.

Unidades del calor específico

Dado que en el Sistema Internacional de mediciones la unidad para el calor son los Joules (J), el calor específico se expresa en este sistema en Joules por kilogramo y por kelvin ($J.Kg^{-1}.K^{-1}$).

Otra forma común de medición implica el uso de la caloría por gramo y por grado centígrado ($cal.g^{-1}.{}^{\circ}C^{-1}$), y en los países o los ámbitos que emplean el sistema anglosajón, se lo mide por BTU's por libra y por grado Fahrenheit. Estos dos últimos, claro está, por fuera del SI.}

Fórmulas de calor específico

La formulación básica del calor específico de una sustancia será: $c = \dfrac{C}{m}$, es decir, el calor específico es igual al cociente de la capacidad calórica y la masa. Sin embargo, cuando se aplica esto a una variación determinada de temperatura, hablaremos de capacidad calorífica específica media (representada como ĉ) y se calculará en base a la siguiente fórmula:

$$\hat{c} = \frac{Q}{m \times \Delta t}$$

Donde Q representa la transferencia de energía calórica entre el sistema y su entorno, m la masa del sistema y Δt el incremento de temperatura al cual se le somete. Así, el calor específico (C) de una temperatura dada (T) se calculará de la siguiente forma:

$$c = \lim_{\Delta t \to 0} \frac{Q}{m \times \Delta T} = \frac{1}{m} \times \frac{dQ}{dT}$$

Ejemplos de calor específico

Cantidad de calor que necesita un gramo de una sustancia para elevar su temperatura un grado centígrado.

$$c = \frac{\Delta Q}{m \times \Delta T}$$

Donde:

C = Calor especifico de una sustancia en cal/g°C o J/g°C

ΔQ = Cambio de calor en calorías o J.

m = Cantidad de masa de la sustancia en g o Kg.

ΔT = Cambio de temperatura igual a Tf - Ti Despejando ΔQ se tiene:

$$\Delta Q = cm \times \Delta T$$

Registros de calor específico son:

Aluminio: 0,215 calorías por gramo

Cobre: 0,0924 calorías por gramo

Oro: 0,0308 calorías por gramo

Hierro: 0,107 calorías por gramo

Silicio: 0,168 calorías por gramo

Potasio: 0,019 calorías por gramo

Vidrio: 0,2 calorías por gramo

Mármol: 0,21 calorías por gramo

Madera: 0,41 calorías por gramo

Alcohol etílico: 0,58 calorías por gramo

Mercurio: 0,0033 calorías por gramo

Aceite de oliva: 0,47 calorías por gramo

Sustancia	Calor especifico	
	J / kg °C	cal / g °C
Solidos comunes		
Aluminio	900	0.215
Berilio	1830	0.436
Cadmio	230	0.055
Cobre	387	0.0924
Germanio	322	0.077
Oro	129	0.0308
Hierro	448	0.107
Plomo	128	0.0305
Silicon	703	0.168
Plata	234	0.056
Otros solidos		
Latón	380	0.092
Madera	1700	0.41
Vidrio	837	0.200
Hielo (-5°C)	2090	0.50

Mármol	860	0.21
Líquidos		
Alcohol	2400	0.58
Mercurio	140	0.033
agua(15°C)	1.00	

1. ¿Qué calor se requiere para elevar la temperatura de 20kg de agua desde 15°C hasta 80°C?

La fórmula de calor es $Q = MC(tf - to)$

Datos:

m = 20 Kg

c = 4180 $\frac{j}{kg°C}$ para el agua

tf = 80°C

to = 15°C

$$Q = MC(tf - to)$$
$$Q = 20 \times 4180(80 - 15) \text{Q = 20 * 4180(80-15)}$$
$$Q = 5434000J$$

Si lo queréis en calorías: 1cal = 4,1855 J

$$5434000J \times \frac{1cal}{4,1855J} = 1,298,291.72cal$$

2. Mezclamos 10 litros de agua a 20°C con 40 litros de agua a 60°C. ¿Cuál es la temperatura final de la mezcla?

1L de agua = 1Kg de agua

El calor cedido por el agua que está a 60° es igual al calor absorbido por el agua de 20°C.

t_1 = 60°C

m_1 = 40 Kg

t_2 = 20°C

m_2 = 10Kg

Q1 = Q2

$m_1 c(t_1\text{-tf}) = m_2 c(\text{tf-}t_2)$

el c se simplifica

$m_1 (t_1 - tf) = m_2(tf\text{-}t_2)$

40(60-tf) = 10(tf-20)

2400 - 40 tf = 10tf - 200

2400 + 200 = 10tf +40tf

2600 = 50tf

tf = 52°C   Solución

3. ¿Qué cantidad de calor deberá recibir 20 litros de agua para pasar de 20°C a 100°C?

Se aplica la ecuación fundamental de la calorimetría

$$Q = c \cdot m \cdot \Delta t$$
$$Q = c \cdot m \cdot (t_f - t_o)$$
$$Q = 1\frac{cal}{g \cdot °C} * 20000g \cdot (100°C - 20°C)$$
$$Q = 1600000 cal = 1600 kcal$$

El calor (representado con la letra Q) es la energía transferida de un sistema a otro (o de un sistema a sus alrededores) debido en general a una diferencia de temperatura entre ellos. El calor que absorbe o cede un sistema termodinámico depende normalmente del tipo de transformación que ha experimentado dicho sistema.

Dos o más cuerpos en contacto que se encuentran a distinta temperatura alcanzan, pasado un tiempo, el equilibrio térmico (misma temperatura). Este hecho se conoce como Principio Cero de la Termodinámica, y se ilustra en la siguiente figura.1.

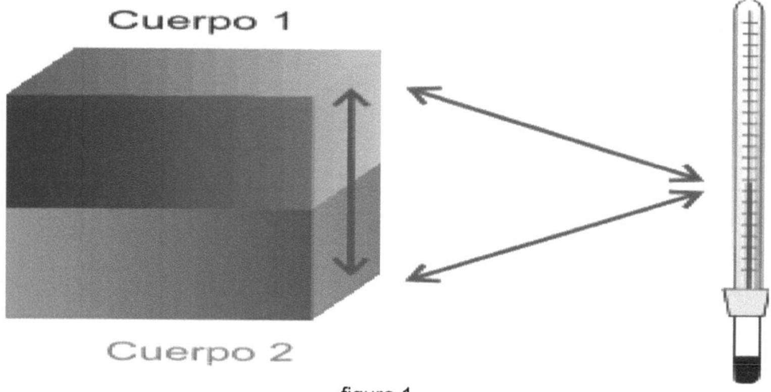

figura.1.

Un aspecto del calor que conviene resaltar es que los cuerpos no almacenan calor sino energía interna. El calor es por tanto la transferencia de parte de dicha energía interna de un sistema a otro, con la condición de que ambos estén a diferente temperatura. Sus unidades en el Sistema Internacional son los julios (J)

La expresión que relaciona la cantidad de calor que intercambia una masa m de una cierta sustancia con la variación de temperatura Δt que experimenta es:

$$Q = mc\Delta t$$

donde c es el calor específico de la sustancia.

El calor específico (o capacidad calorífica específica) es la energía necesaria para elevar en un 1 grado la temperatura de 1 kg de masa. Sus unidades en el Sistema Internacional son J/kg K.

En general, el calor específico de una sustancia depende de la temperatura. Sin embargo, como esta dependencia no es muy grande, suele tratarse como una constante. En esta tabla se muestra el calor específico de los distintos elementos de la tabla periódica y en esta otra el calor específico de diferentes sustancias.

Cuando se trabaja con gases es bastante habitual expresar la cantidad de sustancia en términos del número de moles n. En este caso, el calor específico se denomina capacidad calorífica molar C. El calor intercambiado viene entonces dado por:

$$Q = nC\Delta t$$

En el Sistema Internacional, las unidades de la capacidad calorífica molar son J/molK.

Criterio de signos: A lo largo de estas páginas, el calor absorbido por un cuerpo será positivo y el calor cedido negativo.

Capacidad calorífica de un gas ideal

Para un gas ideal se definen dos capacidades caloríficas molares: a volumen constante (C_V), y a presión constante (C_p).

C_V: es la cantidad de calor que es necesario suministrar a un mol de gas ideal para elevar su temperatura un grado mediante una transformación isócora.

C_p: es la cantidad de calor que es necesario suministrar a un mol de gas ideal para elevar su temperatura un grado mediante una transformación isóbara.

El valor de ambas capacidades caloríficas puede determinarse con ayuda de la teoría cinética de los gases ideales. Los valores respectivos para gases monoatómicos y diatómicos se encuentran en la siguiente tabla:

Capacidad calorífica	Monoatómico	Diatómico
C_V	$\dfrac{3}{2}R$	$\dfrac{5}{7}R$
C_P	$\dfrac{5}{2}R$	$\dfrac{7}{2}R$

donde R es la constante universal de los gases ideales, R = 8.31 J/mol K.

Calor latente de un cambio de fase

Cuando se produce un cambio de fase, la sustancia debe absorber o ceder una cierta cantidad de calor para que tenga lugar. Este calor será positivo (absorbido) cuando el cambio de fase se produce de izquierda a derecha en la figura (2), y negativo (cedido) cuando la transición de fase tiene lugar de derecha a izquierda.

El calor absorbido o cedido en un cambio de fase no se traduce en un cambio de temperatura, ya que la energía suministrada o extraída de la sustancia se emplea en cambiar el estado de agregación de la materia. Este calor se denomina calor latente.

Latente en latín quiere decir escondido, y se llama así porque, al no cambiar la temperatura durante el cambio de estado, a pesar de añadir calor, éste se quedaba escondido sin traducirse en un cambio de temperatura.

Calor latente (L) o calor de cambio de estado, es la energía absorbida o cedida por unidad de masa de sustancia al cambiar de estado. De sólido a líquido este calor se denomina calor latente de fusión, de líquido a vapor calor latente de vaporización y de sólido a vapor calor latente de sublimación.

El calor latente para los procesos inversos (representados en azul en la figura anterior) tienen el mismo valor en valor absoluto, pero serán negativos porque en este caso se trata de un calor cedido.

En el Sistema Internacional, el calor latente se mide en J/kg.

La cantidad de calor que absorbe o cede una cantidad m de sustancia para cambiar de fase viene dada por:

$$Q = mL$$

Este calor será positivo o negativo dependiendo del cambio de fase que haya tenido lugar. para el aire, que es predominantemente un gas diatómico.

3.4. CALOR ESPECIFICO A VOLUMEN CONSTANTE

El calor especifico molar a volumen constante se define por

$$Q = C_v n\Delta T \quad \text{(volumen constante)}$$

La primera ley de la termodinámica se puede poner en la forma

$$\Delta U + P\Delta V = nC_V\Delta T$$

Pero puesto que $\Delta V = 0$, la expresión para C_V viene a ser:

$$C_V = \frac{1}{n}\frac{\Delta U}{\Delta T}$$

Para un gas ideal monoatómico, $U = \frac{3}{2}nRT$

De modo que:

$$C_V = \frac{3}{2}R = 12{,}5\frac{J}{mol.K}$$

Este valor concuerda con el experimento de gases nobles monoatómicos como el helio el argón, pero no describe a los gases diatómicos o poliatómicos, porque las rotaciones y vibraciones moleculares contribuyen al calor especifico.

La equiparticion de energía predice:

$$U = \frac{f}{2}nRT \quad Y \quad C_V = \frac{f}{2}$$

donde f es el numero de grados de libertad en el movimiento molecular.

3.5. CALOR ESPECÍFICO A PRESIÓN CONSTANTE

El calor especifico molar a presión constante se define por

$$Q = nC_P\Delta T \; (presion\ constante)\ (1)$$

La primera ley de la termodinámica para un proceso a presión constante, se puede poner en la forma:

$$\Delta U + P\Delta V = nC_P\Delta T \quad (2)$$

De la ley de gas ideal ($PV = nRT$) bajo condiciones de presión constante se puede ver que:

$$P\Delta V = nR\Delta T \;\; de\; modo\; que \;\; \frac{\Delta U}{\Delta T} + nR = nC_P \quad (3)$$

Puesto que el calor especifico a volumen constante es:

$$C_V = \frac{1}{n}\frac{\Delta U}{\Delta T} \quad (4)$$

Se sigue que $C_P = C_V + R$ (5)

Para un gas monoatómico ideal:

$$C_P = \frac{5}{2}R = 20{,}8\,\frac{J}{mol\,.\,K}$$

3.6 Relación de calores específicos.

3.6.1 Relación entre calores específicos y para gases ideales.

Para realizar esta relación entre los calores específicos y los gases ideales vamos a realizar un experimento para demostrar su comparación.

El arreglo experimental para realizar este experimento consiste en un recipiente de vidrio o plástico con un volumen de 5 a 20 litros. Un bidón o damajuana pueden ser adecuados. Es necesario que el tapón del recinto tenga una salida que permita la conexión del sensor de presión.

También, el tapón debe permitir presurizar el recinto hasta aproximadamente 1 at por sobre la presión atmosférica. El experimento consiste en presurizar el recipiente y medir la presión inicial P_i del gas que se halla a la temperatura ambiente T_0.

Seguidamente, se remueve súbitamente el tapón y se permite que el gas se expanda adiabáticamente hasta la presión atmosférica ambiente P_0. Durante este proceso, el gas se enfría a una temperatura Tf $(< T0\,)$. Inmediatamente se tapa de nuevo el recipiente y se deja que el gas se termalice a la temperatura ambiente T0. En la Fig. 1 se muestra un esquema del método propuesto. (fig. 1)

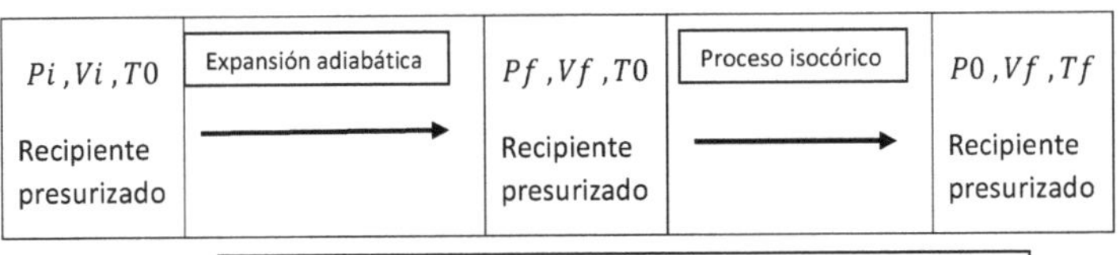

(fig.1) diagrama esquemático del método experimental de Clément y Desarmes.

Durante el proceso adiabático tenemos:

1-
$$Pi \; x \; Vi^y \; = \; P0 \; x \; Vf^y$$

En el siguiente proceso, el gas se calienta isocóricamente, como la temperatura inicial y final son iguales, tenemos:

2-
$$Pi \; x \; Vi \; = \; Pf \; x \; Vf$$

De las ec. (1) y (2), eliminando los volúmenes tenemos:

3-
$$\frac{Pi}{Po} = \left(\frac{Pi}{Pf}\right)^y$$

Por lo tanto:

4-
$$\gamma = \frac{\ln\,(Pi/Po)}{\ln\,(Pi/Pf)}$$

Esta expresión nos permite calcular γ midiendo las tres presiones P_i, P_o y P_f.

3.6.2 Relación entre calores específicos γ para gases ideales.

El arreglo experimental es similar la indicado en la Fig. 2. El dispositivo para fijar posición permite definir con precisión dos posiciones de la jeringa de modo de poder variar rápidamente el volumen de la misma entre dos posiciones bien definidas, V_i y V_f.

Un pequeño bloque de madera o plástico pude usarse para definir estas dos posiciones. Para este experimento, es importante que previamente se calibre el sensor de presión de modo de medir presiones absolutas.

El experimento se inicia con la jeringa con un volumen de aire u otro gas a presión atmosférica y con un volumen ligeramente superior al mayor volumen, V_f. Se comprime el gas hasta el mínimo volumen, V_i, y se deja en esta posición hasta que el gas se termalice con el medio, a la temperatura T_0.

En estas condiciones se inicia la adquisición de datos. Un indicio de que la temperatura se equilibró se puede obtener notando que la presión se ha equilibrado (alcanza un mínimo relativo estable, siempre y cuando no haya

Esta presión la designamos por P_i. Seguidamente, se permite una expansión rápida, adiabática, al volumen V_f.

Inmediatamente después de la expansión adiabática, la presión alcanza el valor mínimo P_1 y se deja que el gas vuelva a termalizarse con la temperatura ambiente. Cuando esto ocurre, el valor de la presión será P_f.

En la Fig. 3 se indica esquemáticamente el proceso en un diagrama PV.

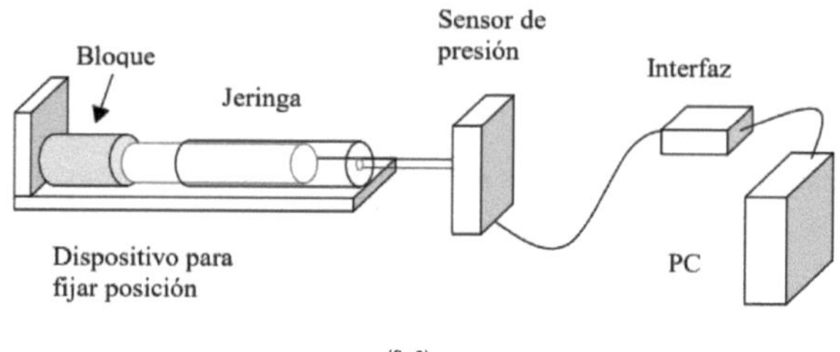

(fig 2)

Experimento 2 usando jeringa de plástico y un sensor de presión conectado a un sistema de adquisición de datos con computadora.

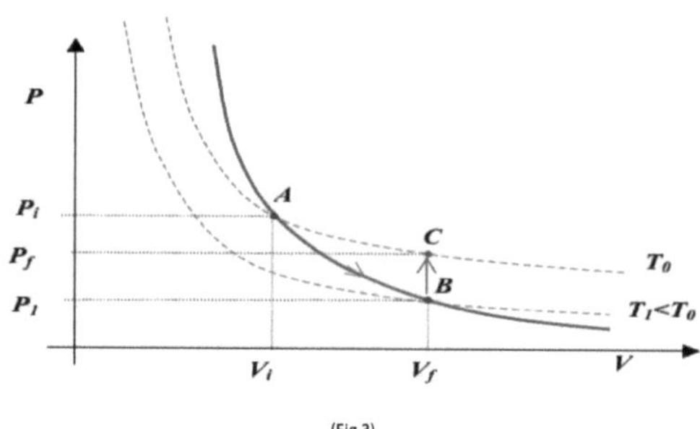

(Fig 3)

Diagrama PV del proceso (ABC) realizado por el gas de la jeringa.

Durante el proceso adiabático de A a B tenemos:

$$5\text{-} \qquad\qquad Pi \times Viy \;=\; P1 \times Vfy$$

En el siguiente proceso, el gas se enfría isocóricamente de B a C, como la temperatura en C y A es la misma, tenemos:

$$6\text{-} \qquad\qquad Pi \times Vi \;=\; Pf \times Vf$$

De las ecuaciones (5) y (6), eliminando los volúmenes tenemos:

$$7\text{-} \qquad\qquad \frac{Pi}{P1} = \left(\frac{Pi}{Pf}\right)^{y}$$

Por lo tanto:

$$8\text{-} \qquad \gamma = \frac{\ln(Pi/P1)}{\ln(Pi/Pf)}$$

Esta expresión nos permite calcular γ midiendo las tres presiones Pi, PI y Pf.

3.6.3 Experimento de Rüchardt

**Medición del cociente entre los calores específicos de un gas:
Experimento de Rüchardt**

$cp = (\frac{\partial U}{\partial T})_p$ En un gas se distinguen el calor específico a presión constante c_P y el calor específico a volumen constante c_V, definidos como:

$$1\text{-} \qquad cp = (\frac{\partial U}{\partial T})_p \qquad cp = (\frac{\partial U}{\partial T})_v$$

donde U es la energía interna del gas. El cociente entre los calores específicos de un gas se denomina usualmente γ:

$$2\text{-} \qquad \gamma = \frac{Cp}{Cv}$$

El calor específico cP siempre es mayor que Cv. Para gases ideales, la diferencia entre ambos es la constante universal de los gases R:

$$3\text{-} \qquad Cp - Cv = R$$

Para gases ideales, el parámetro termodinámico γ caracteriza la curva presión–volumen (P–V) en un proceso adiabático a través de la ecuación de Poisson:

$$4\text{-} \qquad PV\gamma = cte$$

La teoría cinética de los gases ideales predice que el valor de γ es $\gamma = 1 + 2/v$, donde v es el número de grados de libertad de las partículas que constituyen el gas en consideración.

Para un gas monoatómico, cuya molécula tiene solamente tres grados de libertad traslacionales, $v = 3$ y se predice $\gamma = 5/3 = 1{,}66$. Para un gas diatómico, $v = 5$ ya que las moléculas diatómicas tienen tres grados de libertad traslacionales y dos rotacionales, por lo que resulta $\gamma = 7/5 = 1{,}4$.

En 1929 Rüchardt propuso un ingenioso método para determinar el cociente entre los calores específicos de un gas.

Hoy en día podemos llevar a cabo versiones modernizadas del experimento, y aquí proponemos una realización utilizando materiales y sensores disponibles en el laboratorio de enseñanza universitario, complementados con un sistema de adquisición de datos con computadora. Este experimento nos permitirá integrar conceptos de mecánica estudiados previamente (oscilaciones libres y amortiguadas) con conceptos de termodinámica (calor específico, procesos termodinámicos) mediante un experimento simple y a la vez vistoso.

El experimento de Rüchardt tiene como objetivo la determinación del parámetro γ. En el diseño original de Rüchardt, una bola de metal se inserta en un tubo de vidrio vertical conectado con un recipiente de mayor volumen (figura 4).

La observación muestra que cuando esta bola se deja caer por el tubo, realiza una serie de oscilaciones antes de alcanzar su posición de equilibrio.

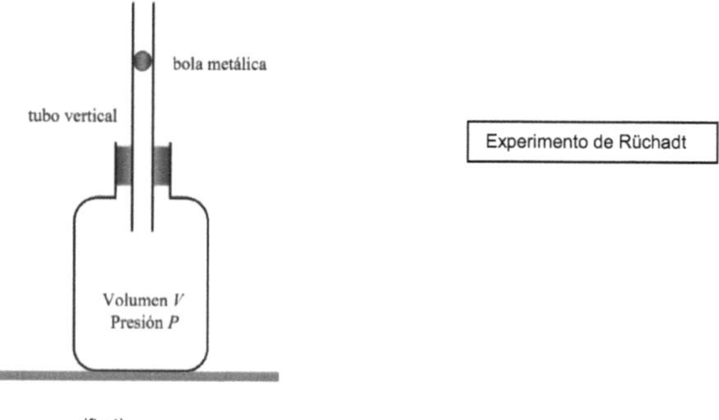

(fig 4)

Suponiendo que no existe fricción ni pérdida de gas entre la esfera y el tubo (no es difícil intuir que esto no es cierto en la práctica), se puede considerar que el gas interactúa con el medio exterior sólo a través de la esfera, que actúa como un pistón. Si este pistón, de masa m, es insertado en el tubo a presión atmosférica P_0, la condición de equilibrio se consigue en el campo gravitacional por una presión P apenas mayor que P_0:

$$5- \qquad P = P0 + mg / A$$

donde A es el área de la sección transversal del tubo y g es la aceleración de la gravedad.

Tomando como eje de referencia x a la vertical (figura 5), la fuerza total sobre el pistón está dada por $F = (\ )P - P0\,A - mg = 0$. Desplazando el pistón una distancia x de su posición de equilibrio, se provoca un cambio de volumen en el sistema:

$$6- \qquad \Delta V = xA$$

y, por lo tanto, la fuerza que actúa sobre el pistón es ahora:

$$7\text{-} \qquad F = A \ x \ \Delta P$$

Si consideramos solamente cambios pequeños tanto en la presión como en el volumen, se puede suponer que el proceso es reversible, y que un cambio infinitesimal en la presión, *dP*, se relaciona con un cambio infinitesimal en el volumen, *dV*, a través de la forma diferencial de la ecuación de Poisson:

$$8\text{-} \qquad dP = -(\gamma P/V)dV$$

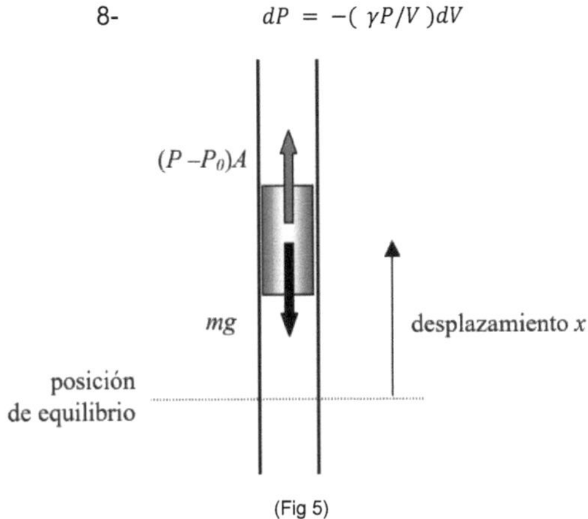

(Fig 5)

Diagrama de fuerzas sobre el pistón en el tubo.

La fuerza F que actúa sobre el pistón, cuando el desplazamiento x del mismo produce un cambio dP en la presión del gas, puede escribirse de la siguiente forma:

$$9\text{-} \qquad F = AdP = -A\,(\gamma P * V)dV = -A\,(\gamma P * V)\,x$$

De la ecuación (9) se ve que la fuerza es cuasielástica (es decir, tiene la forma $F = -kx$, donde la "constante elástica" en este caso es $k\,A\,P/V\,2 = \gamma$).

El parámetro *k* no es estrictamente una constante porque depende del cociente P/V, pero se puede aproximar a una constante si los cambios relativos dP y dV son pequeños. La oscilación libre del pistón en el tubo debe ser por lo tanto aproximadamente armónica, por lo cual obedece a la siguiente ecuación diferencial partiendo de $a = F/m$:

$$10\text{-} \qquad \frac{d^2x}{dt^2} = -\frac{PA^2}{mV} = -w^2x$$

11-

donde la frecuencia angular o frecuencia natural de oscilación:

$$12\text{-} \quad wo = \sqrt{\frac{k}{m}} \ \ es\text{:} \qquad wo = \frac{2\pi}{T} = \sqrt{\frac{\gamma PA^2}{mV}}$$

T es el período de oscilación del pistón:

$$13- \qquad \gamma = \frac{mV}{A^2 P} \cdot w\,(0/2) = \frac{4\pi^2 mV}{A^2 P T^2}$$

3.6.4 Determinación de γ para gases ideales

Una realización posible del experimento del experimento de Rüchardt consiste en usar una jeringa de vidrio, en lo posible con un émbolo que se deslice con el menor roce posible. Una jeringa de vidrio unos 15 a 30 ml es adecuada para este experimento. Se conecta la misma al sensor de presión como se indica esquemáticamente en la (Fig 6.)

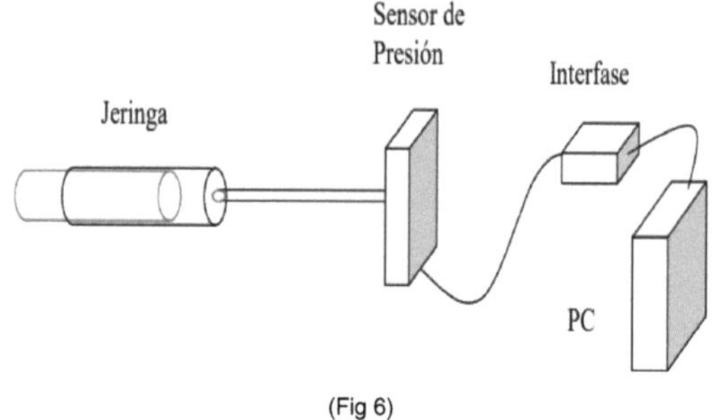

(Fig 6)

Otra realización del experimento de Rüchardt, usando una jeringa de vidrio y un sensor de presión conectado a un sistema de adquisición de datos con computadora. La orientación de la jeringa puede ser vertical u horizontal.

En este experimento podemos usar aire (que consideramos diatómico, por ser una mezcla de $\approx 80\%$ $nitrógeno$ y $\approx 20\%$ $oxígeno$, ambos gases diatómicos), argón o helio (gases monoatómicos) y butano (el gas que tenemos dentro de un encendedor) que es poliatomico.

Con un dispositivo típico ($V \approx 30\,ml$, $m \approx 5\,g$, $D \approx 5\,mm$) logramos oscilaciones de período $T \approx 0.1\,s$, lo que corresponde a aproximadamente 10 oscilaciones por segundo, que son lo suficientemente rápidas como para mantenernos dentro de las condiciones de "adiabaticidad" que impusimos para el desarrollo que lleva a la ecuación (12).
Con estas oscilaciones de "alta frecuencia" logramos reemplazar mediante un proceso rápido al proceso (ideal) adiabático.

Experimento

❖ Analice la ecuación (12) y establezca cuáles son las variables que deban determinarse con la menor incertidumbre relativa. Elija, entonces, el instrumental necesario para realizar este experimento.

❖ Usando preferentemente una balanza de precisión, mida la masa m del pistón.

❖ Determine el diámetro interno del embolo de la jeringa de vidrio y calcule el área A de la sección transversal. Dado que el pistón calza muy bien en el tubo, puede medir el diámetro D del pistón y con este dato calcular el área A = π D2 / 4.

❖ Determine el volumen V que ocupa el gas. Tenga en cuenta que V es el volumen del tubo desde la posición de equilibrio del pistón hasta su extremo inferior, más el volumen de la manguera que lo conecta al sensor. Si usa la jeringa de vidrio, comprima el embolo, inicie la adquisición de datos. Inmediatamente después deje en libertad el embolo para que oscile horizontalmente. Cuando llegue a su posición de reposo, mida el volumen del gas en la jeringa.

❖ Una técnica útil para conocer el volumen de la mangera y el recinto del sensor de presión, consiste en conectar la jeringa con el pistón insertado totalmente, o sea con volumen cero al sensor de presión. Luego se expande suavemente el pistón, hasta que la presión disminuya a la mitad de su valor inicial. El volumen medido en la jeringa en estas condiciones, es el volumen de la manguera más el del recinto de sensor. Justifique y comente este procedimiento.

❖ En el caso de la jeringa, es conveniente que la misma este horizontal. Mida con el sensor la variación de presión del gas cuando el pistón oscila. Optimice la medición de la presión eligiendo con el sistema de adquisición una frecuencia de lectura de unos 130 Hz. Es conveniente que por período de oscilación haya al menos 10 puntos de medición. Esto le asegurará obtener curvas P(t) bien definidas en el lapso que duren las oscilaciones.

❖ Analice el tipo de oscilación que observa. En general la oscilación de la presión del gas está amortiguada. En este caso se puede hacer un ajuste de los datos de la presión en función del tiempo con una ecuación que tenga en cuenta el amortiguamiento, y una manera de hacer esto es suponer a priori un decaimiento exponencial:

$$14\text{-} \qquad P(t) = P1 + P2\ e^{-bt}\cos(wt + \emptyset)$$

En la ecuación (13) P_1 es la presión de equilibrio, P_2 la amplitud de oscilación, b la constante del amortiguamiento, ω es la frecuencia angular de oscilación y φ la fase. La frecuencia natural de oscilación será:

$$15\text{-} \qquad w\left(\tfrac{0}{2}\right) = w^2 + b^2$$

❖ Del ajuste de la ecuación (13) a sus datos experimentales, determine ω y la constante de amortiguación b. A partir de estos datos, y usando ec. (14) obtenga ω_0 y el período de oscilación $T (= 2\pi/\omega0)$.

❖ Si utiliza una jeringa para realizar el experimento, realice las mediciones con la jeringa en posición vertical y horizontal. ¿Se observa alguna variación en el valor de γ? Compare y discuta sus resultados.

❖ Justifique teóricamente las expresiones (13) y (14). Obtenga el valor de γ de cada gas que use. Por propagación de la ecuación (12) determine la incertidumbre de cada valor de γ. Compare sus resultados con datos de la bibliografía y con las predicciones de la teoría cinética.

3.7- Calores específicos medios (tablas)

Tabla 1

Coeficiente de dilatación literal para algunos materiales	
Sustancia	$\alpha(°C)^{-1}$
Acero	1.2×10^{-5}
Aluminio	2.4×10^{-5}
Cobre	1.4×10^{-5}
Cuarzo	0.04×10^{-5}
Latón	2.0×10^{-5}
Vidrio	0.3×10^{-5}
Alcohol etílico	25×10^{-5}
Glicerina	12×10^{-5}
Mercurio	6×10^{-5}

Tabla 2

Rapidez del sonido (V)	
Material	**V(m/s)**
Acero	500
Aire	340
Agua	1447
Agua de mar	1500
Aluminio	5104
Cobre	3600
Hidrogeno	1286
Hierro	5930
Mercurio	1450
Níquel	4973
Plata	2610
Plomo	1300
vidrio	5260

Tabla 3

Resistividad (ρ)	
Material	$\rho\ (\Omega.\,mm^2/m)$
Aluminio	0.028
Cobre	0.017
Hierro	0.13
Níquel	1.078
Cinc	0.061
Plata	0.0163
tungsteno	0.056
Constantán	0.50
plomo	0.204

Tabla 4

Calor especifico (Ce)	
Material	**Ce (cal/gr.°C)**
Aceite	0.430
Aceite de oliva	0.400
Acero	0.110
Agua	1.000
Aire	0.337
Alcohol	0.600
Aluminio	0.217
Bronce	0.086
Cobre	0.093
Cromo	0.108
Glicerina	0.580
Hielo	0.505
Hierro	0.113
Kerosen	0.510
Latón	0.094
Madera	0.570
Níquel	'.110
Oro	0.031

Tabla 5

Índice de refracción absoluto (n)	
Sustancias	**N**
Aceite de oliva	1.46
Agua	1.33
Aire	1.00029
Alcohol	1.36
Alcohol etílico	1.362
Ámbar	1.54
Azúcar	1.56
Benceno	1.5
Bencina	1.36
Cuarzo	154
Diamante	2.42
Etanol	1.36
Glicerina	1.47
Hielo	1.31
Metanol	1.32
Mica	1.56-.160
Plexiglas	1.51
Sal	1.54

Plata	0.056		Sodio	4.22
Plomo	0.031		Vacío	1
Vidrio	0.199		Vidrio común	1.85
zinc	0.093		Vidrio clown	1.52
			Vidrio flit	1.65

Tabla de calor específicos de   Líquidos, gases y solidos

Calor especifica de los líquidos y solidos	
	(cal/g°C)
Aceite	0.4
Acero	0.115
Agua	1
Agua salada	0.95
Alcohol	0.574
Aluminio	0.226
Amoniaco	1.07
Bronce	0.088
Zinc	0.094
Cobre	0.094
Estaño	0.06
Eter	0.54
Glicerina	0.58
Hierro	0.115
Hielo	0.489
Latón	0.094

Calores específicos de los gases (cal/g°C)		
Gas	P=cte.	V=cte.
Aire	0.237	0.169
Argón	0.123	0.074
Anhídrido Carba.	0.184	0.156
Hidrogeno	3.447	2.4
Nitrógeno	0.244	0.172
Oxigeno	0.217	0.157
Anhídrido Sulf.	0.152	0.123
V. de agua	0.475	0.3637

Mercurio	0.033
Níquel	0.11
Plata	0.056
Plomo	0.035
Petróleo	0.5
vidrio	0.2

3.8- Calores específicos variables (ecuaciones)

la hipótesis de calores específicos constantes para un gas perfecto permitió llegar a ecuaciones directas que relacionan las diversas propiedades de estado en el ciclo Otto.

Si se aceptan calores específicos variables (usando todavía el análisis con el aire estándar), necesitamos usar la tabla B-6, para las propiedades del aire, y todas esas propiedades dependen de la temperatura.

Si se conoce la temperatura del aire, se puede determinar la estampía, energía interna, presión relativa (p_{or}), volumen relativo (v_r) y φ. La funcion φ se define, como sigue acontinuacion:

$$\varphi = \sum \frac{Cp^{\delta T}}{T}$$

Y p_r y v_r se determinan como las ecuaciones

$$p_r = e^{\delta/R} \quad es\ decir \quad \varphi = R \ln pr$$

$$V_r = \frac{RT}{Pr}$$

Se puede demostrar que, para un proceso adiabático reversible, las siguientes relaciones validas, entre las presiones y los volúmenes:

$$\frac{P2}{P1} = \frac{Pr2}{Pr1}$$

Y

$$\frac{V2}{V1} = \frac{Vr2}{Vr1}$$

Una moto Otto funciona como una relación de comprensión (7-1), y las y las condiciones a la admisión son de 40°F y 14.5 pisa. Calcular la temperatura y la presión después de la comprensión por libra-masa de aire. Usar el análisis con aire estándar, y calores específicos variables.

Luego encontramos que, en el estado 1 (admisión), donde $T1 = 500° R$ y $P1 = 14.5\, psia$,

$$U1 = 85.20\,\frac{Btu}{lbm}$$

$$Pr1 = 1.0590 \quad Y$$

$$Vf1 = 174.90$$

A continuación, usaremos las relaciones del proceso adiabático reversible, para determinar las condiciones en el estado 2, después de la compresión:

$$Vr2 = Vr1\,\frac{V2}{V1}$$

$$= (174.90)\left(\frac{1}{7}\right) = 24.99$$

La temperatura en el estado 2 es 1074°R, o sea 614°F. la presión en el estado 2 se puede calcular con la ecuación del gas perfecto, $P2 = RT2/V21$ pero $V2 = V1/7 = RT1\,/7P1$, así que el proceso se analizara igual al proceso de expansión adiabática irreversible.

Un análisis más exacto del motor Otto, en comparación en usar calores específicos variables en el ciclo otto simple, es la hipótesis de procesos politrópicos reversibles para los tiempos de compresión y expansión.

El análisis sigue el ciclo otto simple, excepto que ni usa la ecuación $pvn = C$, para los procesos politropicos, y s debe determinar o conocer el exponente n.

Con frecuencia, el exponente es distintos para cada uno de los procesos, así llamaremos n_{12} para la comprensión del estado 1 al 2, y n_{34} para la expansión de 3 a 4.si se dispone del diagrama p-v. los exponentes se pueden determinar con las siguientes ecuaciones:

$$N_{12} = \frac{ln(P1/P2)}{ln(V2/V1)}$$

$$N_{34} = \frac{ln(P3/P4)}{ln(V4/V3)}$$

Si no se conoce el diagrama p-v se deben determinar aproximadamente los exponentes. Para procesos politrópico reversibles de los motores de combustión interna, casi siempre el exponente tendrá un valor entre 1-0 y $k\ (= cp/cv)$, por que habra calor que salga del sistema o motr durante esos procesos (porque los procesos no son adiabáticos con $n = k$); sin embargo, aumentaran las temperaturas (por que los procesos no son isotérmicos con

$k = 1 - 0$). Esto quiere decir que los exponentes deben ser mayores que 1-0, pero menores que k. si os exponentes fueran mayores que k, habrá calor que entra al motor, lo que no cumpliría la segunda ley de la termodinámica; esto es, la transferencia de calor es espontanea de una región caliente a una región fría.

3.9 PROPIEDADES TERMODINAMICAS DE ESTADO Y MATERIA

La termodinámica caracteriza un estado de equilibrio mediante propiedades como volumen, presión, temperatura, composición.

Las propiedades termodinámicas pueden clasificarse en intensivas y extensivas. Son intensivas las que no dependen de la cantidad de materia del sistema (presión, temperatura, composición). Las extensivas dependen del tamaño del sistema (masa, volumen).

Propiedades Extensivas e Intensivas

Propiedad extensiva son aquellas que dependen del tamaño del sistema, por ejemplo: la *masa*, el *volumen*, y todas las clases de *energía*, son propiedades extensivas o aditivas, de manera que cuando las partes de un todo se unen, se obtiene el valor total.

Si un sistema está constituido por N subsistemas, entonces el valor de una propiedad extensiva X para el sistema total, siendo Xi la propiedad extensiva del subsistema i, será:

$$X = \sum_{I \to 1}^{N} X_i$$

Para designar las propiedades extensivas se utilizan letras mayúsculas (la masa m es una excepción importante).

Las propiedades intensivas son aquellas que son propias del sistema, es decir no dependen del tamaño del sistema, si un sistema se divide en dos partes, una propiedad intensiva mantiene el mismo valor en cada parte que poseía en el total, por lo tanto, se definen en un punto.

Son independientes del tamaño, masa o magnitud del sistema: por ejemplo, la presión, temperatura, viscosidad y altura.

Las propiedades extensivas se convierten en intensivas si se expresan por unidad de masa (*propiedad específica*), de moles (*propiedad molar*) o de volumen (*densidad de propiedad*).

Las propiedades intensivas se representan con letras minúsculas, con la excepción de la temperatura T.

TIPO	EXTENSIVA	INTENSIVA
Relacionadas con la masa	Masa	Densidad Concentración de un soluto
P-V-T	Volumen	Volumen específico (vol/masa) Volumen molar (vol/num.de moles) Presión Temperatura
Energía térmica	Capacidad calorífica Energía Entropía Entalpía Energía libre	Calor específico (cap.cal/masa) Energía molar Entropía molar Entalpía molar Potencial químico
Otras propiedades	Constante Índice de Viscosidad	dieléctrica refracción

PROCESOS Y CAMBIOS DE ESTADO

PROCESO

Es una transformación termodinámica que experimenta un sistema cuando pasa de un estado de equilibrio inicial 1, caracterizado por unos determinados valores de las propiedades termodinámicas, a otro estado de equilibrio final 2, caracterizado por otros valores diferentes.

Cuando ocurre una compresión o una expansión, interesa tener en cuenta los diversos estados intermedios en los que sucesivamente se encuentra el sistema desde que abandona el estado inicial hasta que alcanza el estado final. Esta sucesión de estados intermedios es lo que se conoce en termodinámica como trayectoria del proceso.

CAMBIO DE ESTADO

El cambio de estado ocurre siempre que el sistema interacciona con otro sistema o con el medio exterior. Esta interacción puede ser térmica (calor) o puede ser mecánica (trabajo). Se dice que el sistema ha cambiado de estado tan solo porque una de sus propiedades cambie.

CAMBIO DE ESTADO CUASIESTÁTICO

Es aquel en el que el estado del sistema se desvía del equilibrio solamente en cantidades infinitesimales a lo largo de todo el proceso y los parámetros que caracterizan al sistema varían de modo infinitesimalmente lento, de forma tal que el sistema siempre se encontrará en algún estado de equilibrio.

Ejemplo: consideremos la presión P_1 que ejerce un gas sobre la cara interna de un pistón sin rozamiento y sea P_2 la que se ejerce sobre su cara externa. Haciendo equilibrio de fuerzas horizontales se tiene que las dos presiones son iguales debido a que las áreas son las mismas y no existe fuerza de roce. Si las dos presiones son iguales el pistón estará en equilibrio mientras que si P_1 es infinitesimalmente superior a P_2 el gas sufre una pequeña expansión, alcanzando un nuevo estado de equilibrio cuando ambas presiones se igualan.

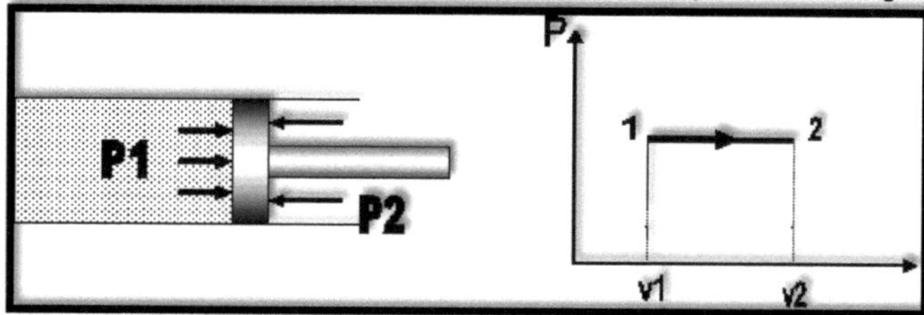

Fig 1.1

CAMBIO DE ESTADO NO-ESTÁTICO

Es el que se realiza a través de estados en los que no existe equilibrio. Cuando ocurre este cambio de estado, el sistema que se encontraba en equilibrio, evoluciona hacia estados en los cuales el sistema ya no podrá venir determinado por las propiedades termodinámicas, ya que no se encontrará en estado de equilibrio. Considerando como ejemplo el sistema de la Figura.

Figura 1.1

El sistema está formado por dos balones de vidrio conectados a través de una válvula. Uno de ellos contiene un gas a la presión P_1 y volumen específico v_1 mientras que el otro se encuentra vacío.

Al abrir la válvula el gas fluye rápidamente hacia el balón vacío hasta alcanzar el equilibrio, siendo la presión y el volumen específico P_1 y v_1 respectivamente. Es imposible definir estados de equilibrio entre el estado 1 y el estado 2 por lo que tampoco se puede trazar la trayectoria del proceso. Figura1.2

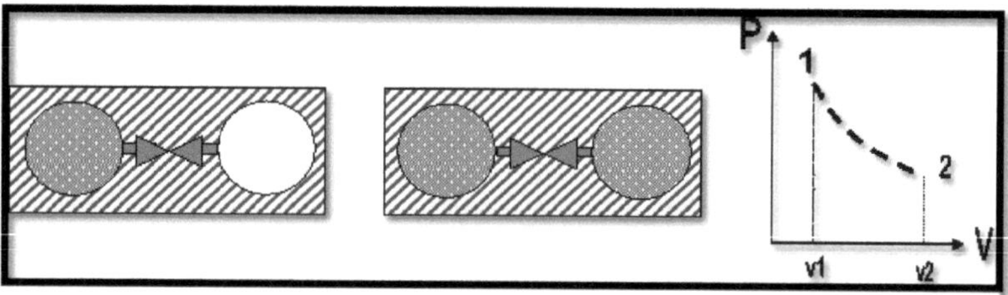

Figura 1.2

PROCESO ISOMÉTRICO O ISOCÓRICO

Cuando el volumen del sistema permanece constante. (figura1.3)

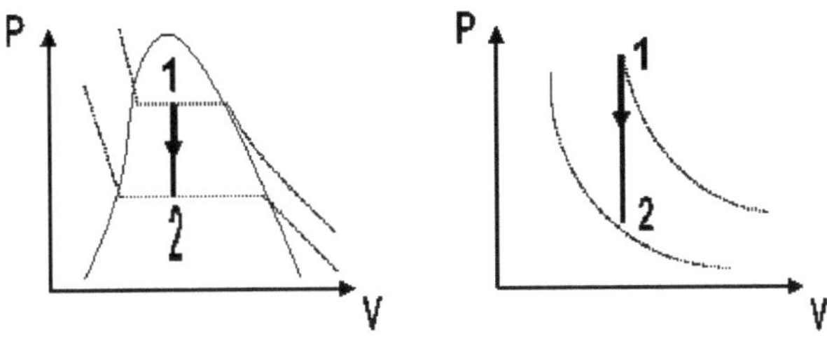

F   Figura 1.3

PROCESO ISOBÁRICO

Cuando transcurre a presión constante. (figura 1.4)

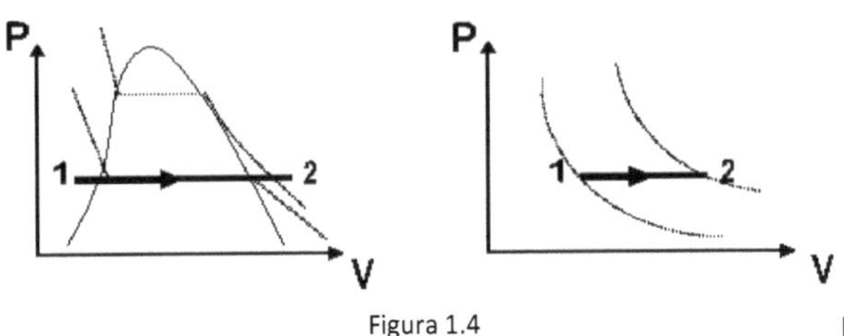

Figura 1.4 |

PROCESO ISOTÉRMICO

Cuando el proceso tiene lugar a temperatura constante. (figura 1.5)

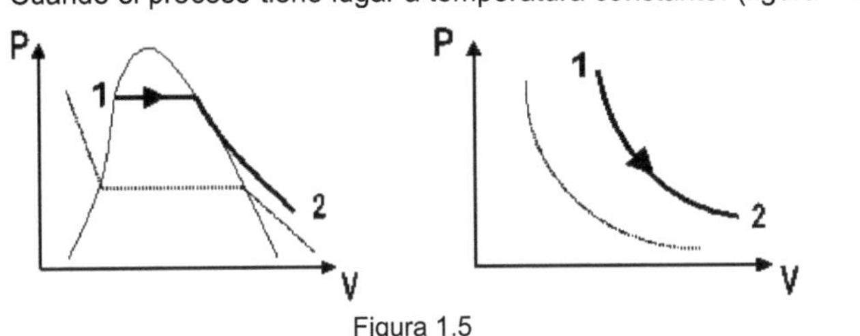

Figura 1.5

PROCESO ADIABÁTICO

Cuando no hay transferencia de calor durante el proceso. Q=0

CICLO TERMODINÁMICO

Un sistema realiza un ciclo cuando experimenta una serie consecutiva de procesos volviendo a su estado de partida.

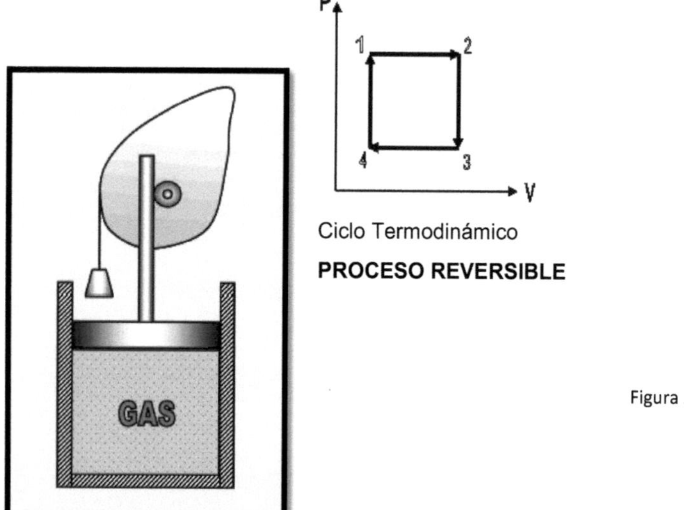

Ciclo Termodinámico

PROCESO REVERSIBLE

Figura 2.1

Cuando un proceso puede tener lugar en sentido inverso a aquel en el que se ha desarrollado y puede llegar a restaurar por completo el estado inicial y las cantidades energéticas transferidas se trata de un proceso reversible. El proceso reversible además de involucrar un cambio de estado casi estático, es necesario que esté libre de rozamientos en cualquier instante del proceso. En la Figura 2.1 es muestra la compresión de un gas en un arreglo cilindro émbolo sin rozamiento. Si después de comprimir el gas por efecto del peso, el pistón vuelve a su posición original sin alterar las cantidades energéticas, el proceso es reversible Sistema que realiza un proceso reversible

3.10 Energía interna

La magnitud que designa la energía almacenada por un sistema de partículas se denomina energía interna (U). La energía interna es el resultado de la contribución de la energía cinética de las moléculas o átomos que lo constituyen, de sus energías de rotación, traslación y vibración, además de la energía potencial intermolecular debida a las fuerzas de tipo gravitatorio, electromagnético y nuclear.

La energía interna es una función de estado: su variación entre dos estados es independiente de la transformación que los conecte, sólo depende del estado inicial y del estado final. (figura 4.1)

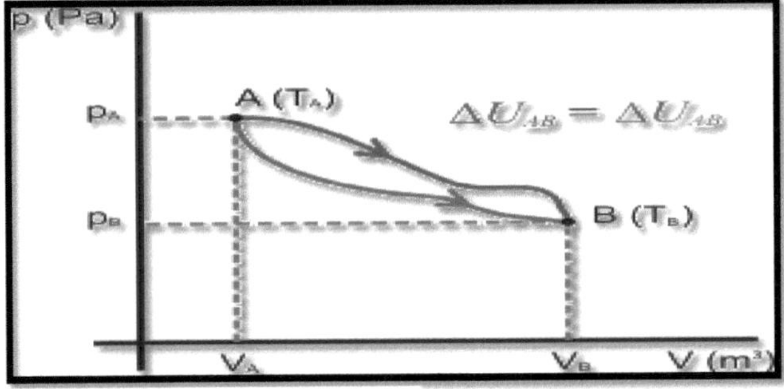

Figura 4.1

Como consecuencia de ello, la variación de energía interna en un ciclo es siempre nula, ya que el estado inicial y el final coinciden:

$$\Delta U\ ciclo = 0$$

Energía interna de un gas ideal

Para el caso de un gas ideal puede demostrarse que la energía interna depende exclusivamente de la temperatura, ya en un gas ideal se desprecia toda interacción entre las moléculas o átomos que lo constituyen, por lo que la energía interna es sólo energía cinética, que depende sólo de la temperatura. Este hecho se conoce como la ley de Joule.

La variación de energía interna de un gas ideal (monoatómico o diatónico) entre dos estados A y B se calcula mediante la expresión:

$$\Delta U_{AB} = nC_V(T_B - T_A)$$

donde n es el número de moles y Cv la capacidad calorífica molar a volumen constante. Las temperaturas deben ir expresadas en Kelvin.

Para demostrar esta expresión imaginemos dos isotermas caracterizadas por sus temperaturas TA y TB como se muestra en la figura 4.2.

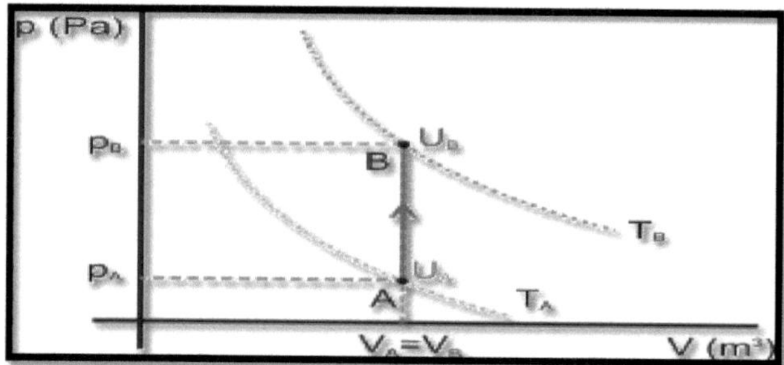

Figura 4.2

Un gas ideal sufrirá la misma variación de energía interna (ΔUAB) siempre que su temperatura inicial sea TA y su temperatura final TB, según la Ley de Joule, sea cual sea el tipo de proceso realizado.

Elijamos una transformación isocora (dibujada en verde) para llevar el gas de la isoterma TA a otro estado de temperatura TB. El trabajo realizado por el gas es nulo, ya que no hay variación de volumen. Luego aplicando el Primer Principio de la Termodinámica:

$$isócora: \quad W_{AB} = 0 \rightarrow Q_{AB} = \Delta U_{AB}$$

El calor intercambiado en un proceso viene dado por:

$$Q = nC\Delta T$$

siendo C la capacidad calorífica. En este proceso, por realizarse a volumen constante, se usará el valor Cv (capacidad calorífica a volumen constante). Entonces, se obtiene finalmente:

$$Q_{AB} = nC_V(T_B - T_A) = \Delta U_{AB}$$

Esta expresión permite calcular la variación de energía interna sufrida por un gas ideal, conocidas las temperaturas inicial y final y es válida independientemente de la transformación sufrida por el gas.

EJERCICIOS

Ejercicio I

Determina la variación de energía interna que experimenta un gas que inicialmente cuenta con un volumen de 10 L a 1 atm de presión, cuya temperatura pasa de 34 ºC a 60 ºC en un proceso a volumen constante, sabiendo que su calor específico viene dado por cv = 2.5·R, con R = 8.31 J/mol·K.

Solución

Datos

- Volumen de gas V = 10 L
- Presión p = 1 atm
- Temperatura inicial Ti = 34 ºC = 307.15 K
- Temperatura inicial Tf = 60 ºC = 333.15 K
- cv = 2.5·R
- R = 8.31 J/mol·K = 0.083 atm·l / mol·K

Consideraciones previas

- La variación de energía interna en un proceso a volumen constante viene determinada por $\Delta U = m \cdot cv \cdot \Delta T$
- Observa que nos dan el calor específico molar a volumen constante, es decir, las unidades de medida (J/mol·K) están referidas al mol en lugar de a gramos o kilogramos. Por tanto, en la expresión anterior debemos usar moles en lugar de gramos o kilogramos.

Resolución

Primeramente, debemos determinar el número de moles que tenemos. Para ello aplicamos la ecuación de estado de los gases ideales, considerando las condiciones iniciales:

$$p.V = n.R.T \rightarrow n = \frac{p.V}{R.T} = \frac{1 * 10}{0.083 * 307.15} = 0.39$$

Ahora simplemente aplicamos la expresión para el cálculo de la variación de la energía interna en procesos que se desarrollan a volumen constante:

$$\Delta U = m.Cv.\Delta t = 0.39 * 2.5 * 8.31 * 26 = 210.65J$$

Ejercicio II

Un gas a presión constante de 3 bar recibe un calor de 450 cal aumentando su volumen en 5 L. ¿Qué variación de energía interna experimenta el sistema? ¿Y cuándo disminuye su volumen en 2 L?

Solución

Datos

- Presión p = 3 bar = 3·105 Pa
- Calor recibido Q = 450 cal = 450·4.184 = 1882.8 J

➢ Variación de volumen ΔV = 5 L = 5 dm3 = 5·10-3 m3

Consideraciones previas

Usaremos el criterio de signos propio de la IUPAC según el cual el trabajo es positivo cuando aumenta la energía interna del sistema

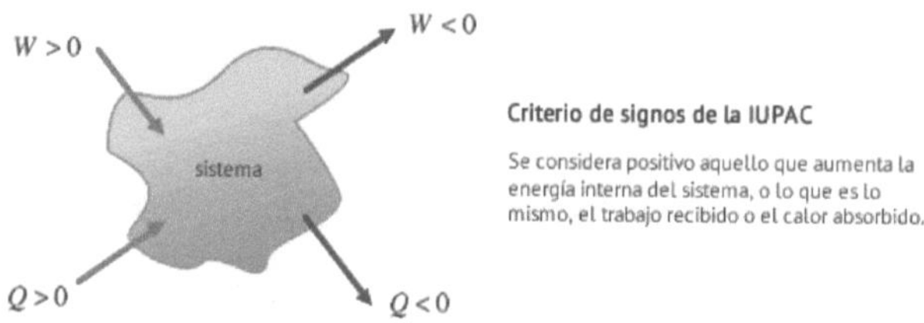

Resolución

La variación de energía interna viene dada, según el criterio de signos señalados, por la expresión:

Para determinar el trabajo, aplicamos la expresión del trabajo termodinámico según el criterio de signos utilizado:

$$W = -p \cdot \Delta V = -3 \cdot 10^5 \cdot 5 \cdot 10^{-3} = -1500 \, J$$

Ahora ya podemos calcular la variación de energía interna:

$$\Delta U = Q + W = 1882.8 - 1500 = 322.8 \, J$$

En el caso de que se reduzca el volumen en 2 L, la variación es negativa (al ser una reducción), quedándonos:

$$W = -p \cdot \Delta V = -3 \cdot 10^5 \cdot (-2 \cdot 10^{-3}) = 600 \, J$$

$$\Delta U = Q + W = 1882.8 + 600 = 2482.8 \, J$$

3.11 ENTALPÍA

es una magnitud termodinámica, simbolizada con la letra H mayúscula, definida como «el flujo de energía térmica en los procesos químicos efectuados a presión constante cuando el único trabajo es de presión-volumen»,1 es decir, la cantidad de energía que un sistema intercambia con su entorno.

La Entalpía es la cantidad de energía de un sistema termodinámico que éste puede intercambiar con su entorno.

Por ejemplo, en una reacción química a presión constante, el cambio de entalpía del sistema es el calor absorbido o desprendido en la reacción. En un cambio de fase, por ejemplo, de líquido a gas, el cambio de entalpía del sistema es el calor latente, en este caso el de vaporización. En un simple cambio de temperatura, el cambio de entalpía por cada grado de variación corresponde a la capacidad calorífica del sistema a presión constante. El término de entalpía fue acuñado por el físico alemán Rudolf J.E. Clausius en 1850. Matemáticamente, la entalpía H es igual a U + pV, donde U es la energía interna, p es la presión y V es el volumen. H se mide en julios.

$$H = U + pV$$

Cuando un sistema pasa desde unas condiciones iniciales hasta otras finales, se mide el cambio de entalpía (Δ H).(figura 5.1)

$$\Delta H = Hf - Hi$$

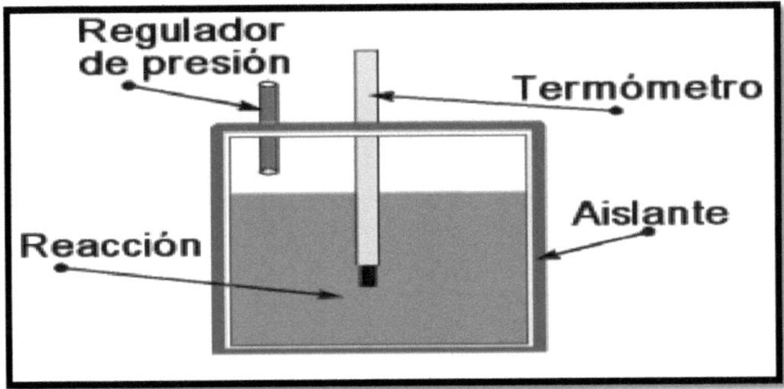

Figura 5.1

Entalpía termodinámica

La entalpía (simbolizada generalmente como H, también llamada contenido de calor, y calculada en julios en el sistema internacional de unidades o también en kcal o, si no, dentro del sistema anglosajón: BTU), es una función de estado extensiva, que se define como la transformada de Legendre de la energía interna con respecto del volumen.

Derivación

El principio de estado establece que la ecuación fundamental de un sistema termodinámico puede expresarse, en su representación energética, como:

$$U: h(S, V, \{Ni\}$$

donde S es la entropía, V el volumen y N_i la composición química del sistema.

Para aquellos casos en los que se desee, sin perder información sobre el sistema, expresar la ecuación fundamental en términos de la entropía, la composición y la <u>presión</u> en vez del volumen, se aplica la siguiente transformada de Legendre a la ecuación fundamental:

$$U(S, V, \{Ni\}) = U, S, \{N_i\} - V\left(\frac{\partial U}{\partial V}\right) s_{,(N_i)} = H(S, P, \{N_i\})$$

y como

$$P = -\left(\frac{\partial U}{\partial V}\right) s_{,\{N_i\}}$$

es la presión del sistema, se define la entalpía como:

$$H = U + PV$$

EJERCICIOS

EJERCICIO I

Calcular la ΔH_r para el proceso PbO (s)+ c(s)→Pb(s)+CO(g), sabiendo que debemos portr 23´8 kJ para transformar en Pb49´PbO.

$$n\frac{49´7g}{223´2g.\,mol^{-1}} = 0´22\ mol$$

El calor desprendido (presión constante) es igual a la variación de la entalpía:

$$\frac{23´8\ kJ}{0´22\ mol} \rightarrow \Delta H_r = +106´9\ kJ.\,mol^{-1}$$

3.12 ENTROPÍA

En termodinámica, la entropía (simbolizada como S) es una magnitud física para un sistema termodinámico en equilibrio. Mide el número de microestados compatibles con el macro estado de equilibrio, también se puede decir que mide el grado de organización del sistema, o que es la razón de un incremento entre energía interna frente a un incremento de temperatura del sistema.

La entropía es una función de estado de carácter extensivo y su valor, en un sistema aislado, crece en el transcurso de un proceso que se da de forma natural. La entropía describe lo irreversible de los sistemas termodinámicos.

La entropía puede ser la magnitud física termodinámica que permite medir la parte no utilizable de la energía contenida en un sistema. Esto quiere decir que dicha parte de la energía no puede usarse para producir un trabajo.

INTRODUCCIÓN A LA ENTROPÍA

Cuando se plantea la pregunta: «¿Por qué ocurren los sucesos en la Naturaleza de una manera determinada y no de otra manera?», se busca una respuesta que indique cuál es el sentido de los sucesos. Por ejemplo, si se ponen en contacto dos trozos de metal con distinta temperatura, se anticipa que finalmente el trozo caliente se enfriará, y el trozo frío se calentará, finalizando en equilibrio térmico. El proceso inverso, el calentamiento del trozo caliente y el enfriamiento del trozo frío es muy improbable que se presente, a pesar de conservar la energía. El universo tiende a distribuir la energía uniformemente; es decir, a maximizar la entropía. Intuitivamente, la entropía es una magnitud física que, mediante cálculo, permite determinar la parte de la energía por unidad de temperatura que no puede utilizarse para producir trabajo.

La función termodinámica entropía es central para el segundo principio de la termodinámica. La entropía puede interpretarse como una medida de la distribución aleatoria de un sistema. Se dice que un sistema altamente distribuido al azar tiene alta entropía. Un sistema en una condición improbable tendrá una tendencia natural a reorganizarse a una condición más probable (similar a una distribución al azar), reorganización que dará como resultado un aumento de la entropía. La entropía alcanzará un máximo cuando el sistema se acerque al equilibrio, y entonces se alcanzará la configuración de mayor probabilidad.

Una magnitud es una función de estado si, y sólo si, su cambio de valor entre dos estados es independiente del proceso seguido para llegar de un estado a otro. Esa caracterización de función de estado es fundamental a la hora de definir la variación de entropía.

La variación de entropía nos muestra la variación del orden molecular ocurrido en una reacción química. Si el incremento de entropía es positivo, los productos presentan un mayor desorden molecular (mayor entropía) que los reactivos. En cambio, cuando el incremento es negativo, los productos son más ordenados. Hay una relación entre la entropía y la espontaneidad de una reacción química, que viene dada por la energía de Gibbs.

EJERCICIOS RESUELTOS

1. Calcular la eficiencia de una máquina de vapor, cuya caldera trabaja a 100 °C y su condensador a 30 °C, expresando el resultado en porciento.

Solución:

$$T1 = 100 + 273 = 373K$$

$$T2 = 30 + 273 = 303K$$

2. ¿Cuál es la variación de entropía si la temperatura de 1 mol de gas ideal aumenta de 100 °K a 300 °K, Cv = (3/2)R.

a) Si el volumen es constante.

b) Si la presión es constante.

c) ¿Cuál sería la variación de la entropía si se utilizan tres moles en vez de uno?

Solución:

a).T1 = 100 K, T2 = 300 K, Cv = 3cal/mol K, n = 1mol

$$DS = nCvln(T2/T1) = (1mol)(3cal/molK)ln(300/100) = 3.3\ cal/K$$

$$b)\ DS = nCpln(T2/T1) = (1mol)(5cal/molK)ln(300/100) = 5.49\ u.e.$$

c) A volumen constante $3(3.3) = 9.9\ u.e.$

A presión constante: $3(5.49) = 16.47\ u.e.$

3. Cuál será la variación de entropía de un gas ideal monoatómico, si la temperatura de un mol de este gas aumenta de 100°K a 300°K?.

a) si el volumen es constante

b) si la presión es constante

c) cuál será la variación entrópica si en vez de un mol fueran 3?

Solución:

a) Sabiendo que la entropía se calcula con la siguiente expresión:

$$\Delta s = CvLn\frac{T1}{T2}$$

sustituyendo valores tenemos

$$\Delta S = 3/2(2cal/mol°K)ln\ 300/100 = 3.27\ cal/mol$$

b) ya que se trata de un proceso a presión constante tenemos:

$$\Delta s = CpLn\frac{T1}{T2}$$

sustituyendo valores tenemos

$$\Delta S = 5/2(2cal/mol°K)ln\ 300/100 = 5.45\ cal/mol$$

c) la entropía es una propiedad extensiva de los sistemas, así que, si el número de moles se triplica, la entropía se debe de triplicar de manera proporcional, así que:

a volumen constante $\Delta S = 9.82\ cal/mol$

a presión constante $\Delta S = 16.37\ cal/mol$

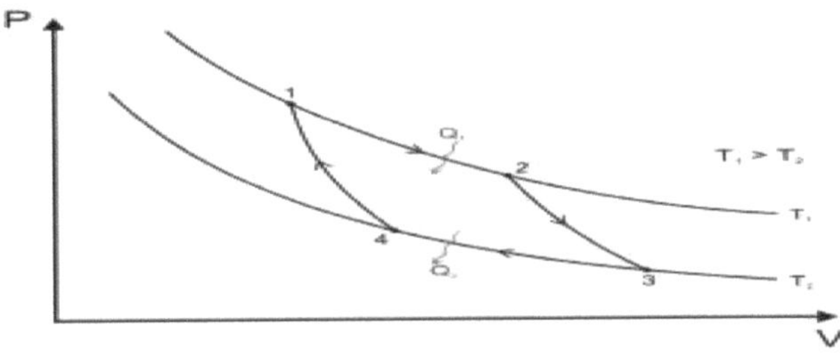

3.13 VARIACIÓN DE LAS PROPIEDADES TERMODINÁMICAS (proceso)

PROCESOS TERMODINÁMICOS

En física, se denomina proceso termodinámico a la evolución de determinadas magnitudes (o propiedades) propiamente termodinámicas relativas a un determinado sistema termodinámico. Desde el punto de vista de la termodinámica, estas transformaciones deben transcurrir desde un estado de equilibrio inicial a otro final; es decir, que las magnitudes que sufren una variación al pasar de un estado a otro deben estar perfectamente definidas en dichos estados inicial y final.

De esta forma los procesos termodinámicos pueden ser interpretados como el resultado de la interacción de un sistema con otro tras ser eliminada alguna ligadura entre ellos, de forma que finalmente los sistemas se encuentren en equilibrio (mecánico, térmico y/o material) entre sí Fig. 1.

FIG. 1

De una manera menos abstracta, un proceso termodinámico puede ser visto como los cambios de un sistema, desde unas condiciones iniciales hasta otras condiciones finales, debido a su desestabilización. Un sistema termodinámico está en principio en un estado de equilibrio termodinámico cuando las variables principales del sistema (es decir, presión, volumen y temperatura) no experimentan ninguna variación adicional con el paso del tiempo. En el caso de que dos o todas las variables anteriores cambien (la variación de solo una de ellas es imposible porque todas están interconectadas por una razón de proporción inversa o directa) estamos en presencia de una transformación termodinámica, que lleva al sistema hacia una otro punto de equilibrio. El estado inicial y final de una transformación se identifican por dos pares de valores de las tres cantidades que definen el estado de un cuerpo: presión, volumen o temperatura.

Una transformación termodinámica puede tener lugar:

Intercambiando trabajo, pero sin intercambios de calor (para un sistema adiabático: transformación adiabática)

Intercambiando calor , pero sin intercambiar trabajo; (por ejemplo, para una transformación isocora)

Intercambiando trabajo y calor (por ejemplo, para una transformación isobárica o una isoterma)

Una transformación termodinámica puede ser reversible o irreversible. Todas las transformaciones reales son irreversibles, ya que las fricciones no se pueden eliminar por completo, por lo que la condición de reversibilidad es solo una aproximación teórica.

Los procesos más importantes de transformación termodinámica son los siguientes:

PROCESOS ISOTÉRMICOS

Los procesos isotérmicos son procesos en los que la temperatura no cambia.

Un proceso isotérmico es una transformación de un sistema en la que la temperatura permanece constante: $\Delta T = 0$. Esto sucede cuando el sistema está en contacto con una fuente exterior capaz de canjear calor con el sistema (cediendo o aportando calor) y el sistema evoluciona muy lentamente permitiendo que la temperatura interior se iguale a la temperatura exterior (mediante la transmisión de calor en el sentido adecuado: de la parte más caliente a la más fría).

En un proceso adiabático pasa exactamente lo contrario. No hay transmisión de calor(Q = 0).

PROCESOS ISOBÁRICOS

Los procesos isobáricos son procesos en los cuales la presión no varía. Dicho de otra manera, un proceso isobárico es una transformación termodinámica que se produce a presión constante.

Cuando un gas perfecto evoluciona isobáricamente desde un estado A hasta un estado B, la temperatura y el volumen asociados siguen la ley de Charles

PROCESOS ISOCÓRICOS

Los procesos isocóricos son procesos en los que el volumen permanece constante.

Un proceso isocórico, también llamado proceso isométrico o isovolumétrico es un proceso termodinámico en el cual el volumen permanece constante. Esto implica que el proceso no realiza trabajo presión-volumen.

PROCESOS ADIABÁTICOS

Los procesos adiabáticos son procesos en los que no hay transferencia de calor alguna.

Un proceso adiabático es aquel en el que el sistema (generalmente, un fluido que realiza un no intercambia calor con su entorno. Un proceso adiabático que es, además, reversible, es un proceso isentrópico.

El extremo opuesto, en el que tiene lugar la máxima transferencia de calor, causando que la temperatura permanezca constante, se denomina proceso isotérmico. El término adiabático hace referencia a elementos que impiden la transferencia de calor con el entorno. Una pared aislada se aproxima bastante a un límite adiabático.

Otro ejemplo es la temperatura adiabática de llama, que es la temperatura que podría alcanzar una llama si no hubiera pérdida de calor hacia el entorno. En climatización, los procesos de humectación (aporte de vapor de agua) son adiabáticos, ya que no hay transferencia de calor, a pesar de que se consiga variar la temperatura del aire y su humedad relativa.

El calentamiento y enfriamiento adiabático son procesos que comúnmente ocurren debido al cambio en la presión de un gas. Esto puede ser cuantificado usando la ley de los gases ideales.

PROCESOS DIATÉRMICOS

Los procesos diatérmicos son procesos que dejan pasar el calor fácilmente.

PROCESOS ISOENTRÓPICOS

Los procesos isoentrópicos son procesos adiabáticos y reversibles. Procesos en los que la entropía no varía.

En termodinámica, un proceso isentrópico, a veces llamado proceso isoentrópico, es aquel en el que la entropía del fluido que forma el sistema permanece constante.

3.14 APLICACIONES

- Proceso isotérmico: Comprima el gas lentamente, controlando que en todos los casos la temperatura permanezca lo más constante posible.
- Proceso adiabático: Comprima el gas rápidamente, pero sin brusquedad, de modo de no dañar el equipo en uso. Registre los valore de P,V y T.
- Proceso Politrópico: Comprima el gas a una rapidez intermedia entre las realizadas anteriormente. Registre los valores de P,V y T.

Aplicación de los procesos termodinámicos (en bombas).

PROCESOS TERMODINÁMICO

Si sobre un sistema se realiza un proceso termodinámico de modo tal que no haya intercambio de calor (energía) con el medio circundante, se lo denomina proceso adiabático. Este tipo de proceso tiene lugar si el sistema estuviera perfectamente aislado térmicamente o bien si se lo realiza suficientemente rápido como para que no haya tiempo suficiente para que se produzca un intercambio de calor con el medio circundante. Si el sistema puede intercambiar energía con su medio y el proceso se realiza lentamente, de modo que el sistema tenga tiempo de entrar en equilibrio térmico con el medio circundante, el proceso es isotérmico. Cuando el proceso es intermedio entre estos dos extremos (adiabático e isotérmico) el proceso se denomina politrópico.

A presiones moderadas, P≤3 bar, casi todos los gases pueden ser considerados como ideales.
Esto significa que, entre otras propiedades, ellos se comportan siguiendo la ecuación de estado:

$$P.V = n\,RT$$

P: Presión absoluta del gas,
V: Volumen,

T: Temperatura absoluta,
N: Número de moles del gas
R: La constante universal de los gases.

Es importante considerar que para estudiar las propiedades de un gas es crucial evitar la presencia de vapores (agua) en el mismo, ya que los vapores no siguen la misma ley. Cuando a un gas se lo somete a distintos procesos termodinámicos, el mismo sigue trayectorias en un diagrama PV que son características del tipo de proceso al que es sometido.

El cuadro siguiente indica algunos procesos usuales con sus ecuaciones características:

Proceso Ecuación característica
Isotérmico P.V = constante
Isocórico V = constante
Isobárico P=constante
Adiabático P.Vg = constante
Politrópico P.Vk = constante

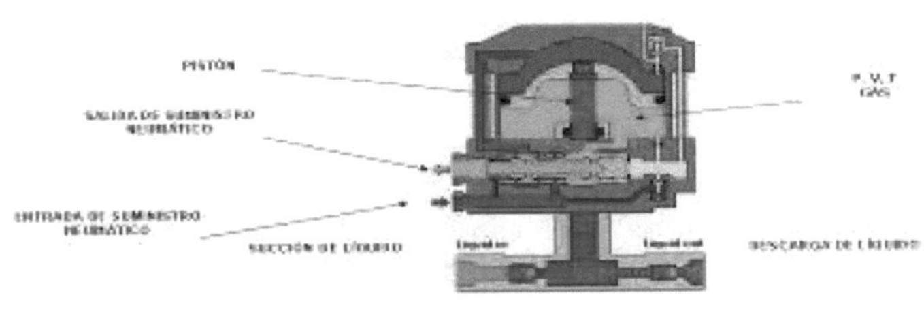

FIG. 1

BOMBA MEDIANTE ACCIONAMIENTO NEUMÁTICO (GAS)

Descripción:

a) Succión: En esta etapa el pistón se mueve en forma ascendente, mediante la acción del suministro neumático que ingresa a la bomba por la parte inferior del actuador. De esta manera el líquido es succionado hacia la bomba. Cabe señalar que la válvula check de la descarga de dicha bomba impide el retroceso del flujo, permitiendo que el líquido succionado sea solamente el de la línea de entrada (liquid in).

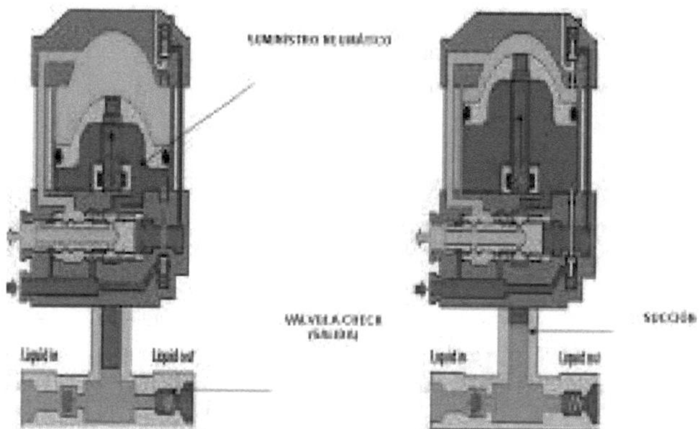

b) Descarga: En esta etapa el suministro neumático ingresa por la parte superior del actuador, realizando el movimiento del pistón de manera descendente, permitiendo así la descarga del líquido succionado en la etapa anterior. Nótese que la válvula check a la entrada impide el retroceso del flujo, por lo que el desplazamiento del fluido a alta presión solamente se realiza hacia la salida de la bomba (liquid out).

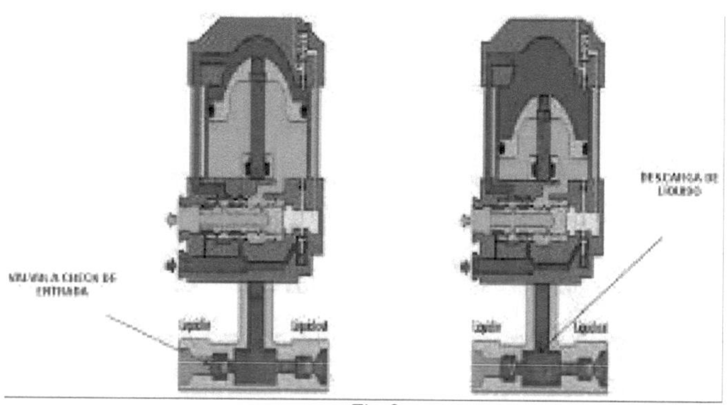

Fig 3

Procesos termodinámicos simples

- Proceso isotérmico: Comprima el gas lentamente, controlando que en todos los casos la temperatura permanezca lo más constante posible.

- Proceso adiabático: Comprima el gas rápidamente, pero sin brusquedad, de modo de no dañar el equipo en uso. Registre los valore de P,V y T.

- Proceso Politrópico: Comprima el gas a una rapidez intermedia entre las realizadas anteriormente. Registre los valores de P,V y T.

-

  Proceso Isocórico: Partiendo del gas a temperatura ambiente y en el menor valor de volumen, expanda el pistón rápidamente hasta su valor máximo. A continuación, manteniendo el volumen fijo (pistón inmóvil), espere hasta que la temperatura del gas vuelva a su valor de equilibrio. Finalmente, comprima el gas isotérmicamente hasta su volumen original.

Unidad 4: Sustancia de trabajo

Sustancia de trabajo.

Un sistema termodinámico (también denominado *sustancia de trabajo*) se define como la parte del universo objeto de estudio. Un sistema termodinámico puede ser una célula, una persona, el vapor de una máquina de vapor, la mezcla de gasolina y aire en un motor térmico, la atmósfera terrestre, etc.

El sistema termodinámico puede estar separado del resto del universo (denominado alrededores del sistema) por paredes reales o imaginarias. En este último caso, el sistema objeto de estudio sería, por ejemplo, una parte de un sistema más grande. Las paredes que separan un sistema de sus alrededores pueden ser aislantes (llamadas paredes adiabáticas) o permitir el flujo de calor (diatérmicas).

Los sistemas termodinámicos pueden ser aislados, cerrados o abiertos (imagen 1).

Sistema aislado.
Es aquél que no intercambia ni materia ni energía con los alrededores.

Sistema cerrado.
Es aquél que intercambia energía (calor y trabajo) pero no materia con los alrededores (su masa permanece constante).

Sistema abierto.
 Es aquél que intercambia energía y materia con los alrededores. En la siguiente

Fig.1 Se han representado los distintos tipos de sistemas termodinámicos.

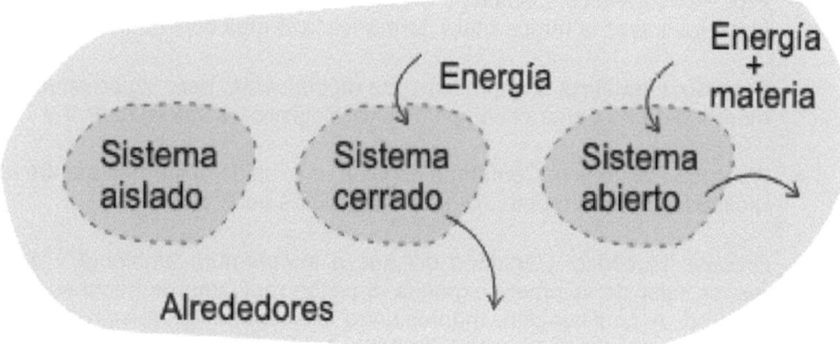

Fig 1

A lo largo de estas páginas trataremos los sistemas cerrados. Cuando un sistema está aislado y se le deja evolucionar un tiempo suficiente, se observa que las variables termodinámicas que describen su estado no varían. La temperatura en todos los puntos del sistema es la misma, así como la presión. En esta situación se dice que el sistema está en equilibrio termodinámico.

En Termodinámica se dice que un sistema se encuentra en equilibrio termodinámico cuando las variables intensivas que describen su estado no varían a lo largo del tiempo.

Cuando un sistema no está aislado, el equilibrio termodinámico se define en relación con los alrededores del sistema. Para que un sistema esté en equilibrio, los valores de las variables que describen su estado deben tomar el mismo valor para el sistema y para sus alrededores. Cuando un sistema cerrado está en equilibrio, debe estar simultáneamente en equilibrio térmico y mecánico.

Equilibrio térmico.

La temperatura del sistema es la misma que la de los alrededores.

Equilibrio mecánico.
La presión del sistema es la misma que la de los alrededores.

4.1 Concepto de gas ideal y gas real.

Se denomina gas al estado de agregación de la materia en el cual, bajo ciertas condiciones de temperatura y presión, sus moléculas interaccionan sólo débilmente entre sí, sin formar enlaces moleculares adoptando la forma y el volumen del recipiente que las contiene y tendiendo a separarse, esto es, expandirse, todo lo posible por su alta energía cinética) Los gases son fluidos altamente compresibles, que experimentan grandes cambios de densidad con la presión y la temperatura.

Las moléculas que constituyen un gas casi no son atraídas unas por otras, por lo que se mueven en el vacío a gran velocidad y muy separadas unas de otras, explicando así las propiedades: Las moléculas de un gas se encuentran prácticamente libres, de modo que son capaces de distribuirse por todo el espacio en el cual son contenidos. Las fuerzas gravitatorias y de atracción entre las moléculas son despreciables, en comparación con la velocidad a que se mueven las moléculas.

Los gases ocupan completamente el volumen del recipiente que los contiene. Los gases no tienen forma definida, adoptando la de los recipientes que las contiene. Pueden comprimirse fácilmente, debido a que existen enormes espacios vacíos entre unas moléculas y otras.

A temperatura y presión ambientales los gases pueden ser elementos como el hidrógeno, el oxígeno el nitrógeno el cloro el flúor y los gases nobles, compuestos como el dióxido de carbono o el propano, o mezclas como el aire. Los vapores y el plasma comparten propiedades con los gases y pueden formar mezclas homogéneas, por ejemplo, vapor de agua y aire, en conjunto son conocidos como cuerpos gaseosos estado gaseoso o fase gaseosa

Gas ideal.
Un gas ideal es un gas teórico compuesto de un conjunto de partículas.
Puntuales con desplazamiento aleatorio que no interactúan entre sí.
El concepto de gas ideal es útil porque el mismo se comporta según la ley de los gases ideales una ecuación de estado simplificada, y que puede ser analizada mediante la mecánica estadística.

En condiciones normales tales como condiciones normales de presión y temperatura la mayoría de los gases reales se comporta en forma cualitativa como un gas ideal.
Muchos gases tales como el nitrógeno, oxígeno, hidrógeno, gases nobles, y algunos gases pesados tales como el dióxido de carbono pueden ser tratados como gases ideales dentro de una tolerancia razonable. Generalmente, el apartamiento de las condiciones de gas ideal tiende a ser menor a mayores temperaturas y a menor densidad (o sea a menor presión), ya que el trabajo realizado por las fuerzas intermoleculares es menos importante comparado con energía cinética de las partículas, y el tamaño de las moléculas es menos importante comparado con el espacio vacío entre ellas.

El modelo de gas ideal tiende a fallar a temperaturas menores o a presiones elevadas, cuando las fuerzas intermoleculares y el tamaño intermolecular es importante. También por lo general, el modelo de gas ideal no es apropiado para la mayoría de los gases pesados, tales como vapor de agua o muchos fluidos refrigerantes.[1] A ciertas temperaturas bajas y a alta presión, los gases reales sufren una transición de fase, tales como a un líquido o a un sólido. El modelo de un gas ideal, sin embargo, no describe o permite las transiciones de fase. Estos fenómenos deben ser modelados por ecuaciones de estado más complejas.

El modelo de gas ideal ha sido investigado tanto en el ámbito de la "partícula en una caja"). El modelo de gas ideal también ha sido utilizado para modelar el comportamiento de electrones dentro de un metal (en el modelo de drude y en el modelo de electrón libre), y es uno de los modelos más importantes utilizados en la mecánica estadística.

Tipos de gases ideales

Existen tres clases básicas de gas ideal:

El clásico o gas ideal de Maxwell-Boltzmann el gas ideal cuántico de Bose, compuesto de bosones el gas ideal cuántico de Fermi, compuesto de fermiones el gas ideal clásico puede ser clasificado en dos tipos: el gas ideal termodinámico clásico y el gas ideal cuántico de Boltzmann. Ambos son esencialmente el mismo, excepto que el gas ideal termodinámico está basado en la mecánica, estadística y ciertos parámetros termodinámicos tales como la entropía son especificados a menos de una constante aditiva. El gas ideal cuántico de Boltzmann salva esta limitación al tomar el límite del gas cuántico de Bose gas y el gas cuántico de Fermi gas a altas temperaturas para especificar las constantes aditivas. El comportamiento de un gas cuántico de boltzmann es el mismo que el de un gas ideal clásico excepto en cuanto a la especificación de estas constantes. Los resultados del gas cuántico de Boltzmann son utilizados en varios casos incluidos la ecuación de Sackur-Tetrode de la entropía de un gas ideal y la ecuación de ionización gas ideal termodinámico clásico las propiedades termodinámicas de un gas ideal pueden ser descritas por dos ecuaciones:

La ecuación de estado de un gas ideal clásico que es la ley de los gases ideales y la energía interna a volumen constante de un gas ideal que queda determinada por la expresión.

$$PV = nTR$$

Donde

P es la presión

V es el volumen

n es la cantidad de sustancia de un gas (en moles)

R es la constante de los gases ($8.314 \, J \cdot K^{-1} mol^{-1}$)

T es la temperatura absoluta

U es la energía interna del sistema es el calor específico adimensional a volumen constante, $\approx$ 3/2 para un gas monoatómico, 5/2 para un gas diatómico y 3 para moléculas más complejas. La cantidad de gas en $J \cdot K^{-1}$ es donde N es el número de partículas de gas. Es la constante de ($1.381 \times 10^{-23} J \cdot K^{-1}$).

La distribución de probabilidad de las partículas por velocidad o energía queda determinada por la distribución de Boltzmann.

Gas Real.

Un gas real se define como un gas con un comportamiento termodinámico que no sigue la ecuación de estado de los gases ideales. Un gas puede ser considerado como real, a elevadas presiones y bajas temperaturas, es decir, con valores de densidad bastante grandes. Bajo la teoría cinética de los gases, el comportamiento de un gas ideal se debe básicamente a dos hipótesis:

- las moléculas de los gases no son puntuales.
- La energía de interacción no es despreciable.

La representación gráfica del comportamiento de un sistema gas-líquido, de la misma sustancia, se conoce como diagrama de Andrews. En dicha gráfica se representa el plano de la presión frente al volumen, conocido como plano de Clapeyron.

Se considera a un gas encerrado en un cilindro con un embolo móvil. Si el gas se considera ideal, se mantiene la temperatura constante, obteniendo en el plano de Clapeyron líneas isotermas, es decir, líneas hiperbólicas que siguen la ecuación:

$$P P \times V = CTe$$

Si en cambio, consideramos a un gas como real, veremos que solamente con la temperatura bastante alta y la presión bastante baja, las isotermas se acercan a las hipérbolas, siguiendo la ecuación de estado de los gases perfectos.

Potencial de Lennard Jones:

Siguiendo una observación experimental, vemos una importante diferencia entre el comportamiento de los gases reales e ideales. La distinción primordial es el hecho de que a un gas real no se le puede comprimir indefinidamente, no siguiendo así la hipótesis del gas ideal.

Las moléculas ocupan un volumen, pero los gases reales son, a bajas presiones más comprimibles que un gas ideal en las mismas circunstancias, en cambio, son menos comprimibles cuando tienen valores de presión más elevadas.

Este comportamiento depende mucho de la temperatura y del tipo de gas que sea. El comportamiento de estos gases, puede ser explicado debido a la presencia de fuerzas intermoleculares, que cuando tienen valores de temperatura pequeños, son fuertemente repulsivas, y en cambio, a temperaturas altas, son débilmente atrayentes.

La ley física de los gases reales, también conocida como ley de Van der Waals, describe el comportamiento de los gases reales, tratándose de una extensión de la ley de los gases ideales, mejorando la descripción del estado gaseoso para presiones altas y próximas al punto de ebullición.

La ley de los gases reales, toma el nombre del físico holandés Van der Waals, el cual propone su trabajo de los gases en 1873, ganando un premio Nobel en 1910 por la formulación de ésta ley.

La ley de Van der Waals e una ecuación de estado a partir de la ley de los gases ideales:

$$PV = nTR$$

El físico holandés, introduce dos valores, asignándoles las letras a y b, conocidas como constantes de Van der Waals, que depende de la sustancia que se esté estudiando en cada caso.

La fórmula de la ley de Van der Waals, es:

$$(p + an^\wedge 2/V^\wedge 2)\,(V - nb) = nTR$$

De donde p, hace referencia a la presion del gas.

N es cantidad de sustancia (número de moles)

V es volumen ocupado por el gas

R es constante universal de los gases

T es temperatura en valor absoluto.

Los valores de las constantes de Van der Waals para los gases mñas comunes, están recogidos en tablas.

Si comparamos la ley de Van der Waals con la ley de los gases ideales, cuando la presión de un gas no es demasiado alta, el modelo de Van der Waals puede decirse que su modelo y el de los gases ideales no difieren mucho.

La ley de Van der Waals también permite entender bien los procesos de condensación de los gases, existiendo para casa gas una temperatura, Tc, conocida como temperatura critica, la cual representa la frontera del paso a la condensación: $Para\ T > Tc$, no se puede condensar el gas.

Para T< Tc, es posible condensar el gas si éste se comprime a una presión adecuada, que es más baja cuanto más baja es la temperatura.

Un gas real, en oposición a un gas ideal o perfecto, es un gas que exhibe propiedades que no pueden ser explicadas enteramente utilizando la ley de los gases ideales. Para entender el comportamiento de los gases reales, lo siguiente debe ser tomado en cuenta: Efectos de compresibilidad capacidad calorífica específica variable fuerzas de Van der Waals efectos termodinámicos del no-equilibrio cuestiones con disociación molecular y reacciones elementales con composición variable.

Para la mayoría de aplicaciones, un análisis tan detallado es innecesario, y la aproximación de gas ideal puede ser utilizada con razonable precisión. Por otra parte,

los modelos de gas real tienen que ser utilizados cerca del punto de condensación de los gases, cerca de puntos críticos, a muy altas presiones, y en otros casos menos usuales.

Modelos   Isotermas de   gases   reales.
Curvas azul oscuro – isotermas debajo de la temperatura crítica. Secciones
verdes   estados   metas   estables.
Sección a la izquierda del punto F – líquido normal. Punto F – punto de
ebullición.
Línea FG – equilibrio de fases líquida y gaseosa. Section FA – líquido
supercalentado.
Section F'A – líquido "estirado" (stretched) (p<0).

Section AC – extensión analítica de la isoterma, físicamente imposible.

Section CG – vapor superenfriado.

Point G – punto de rocío. Gráfica a la

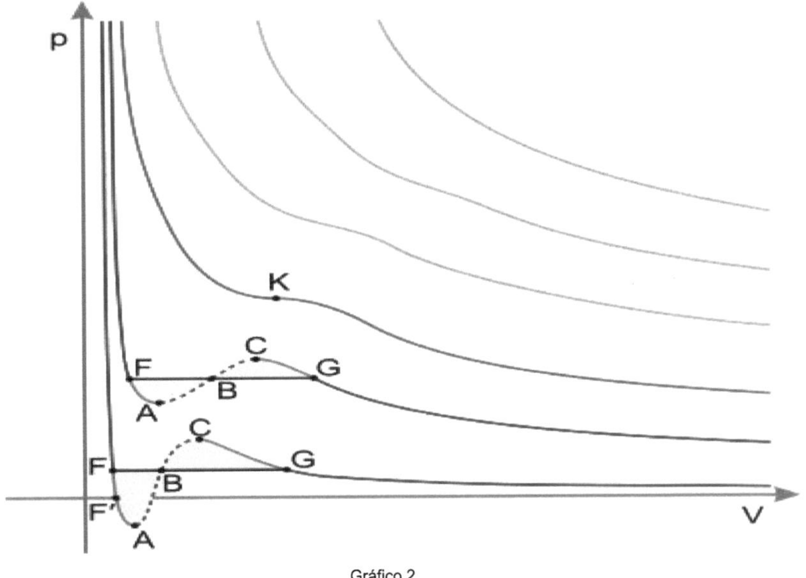

Gráfico 2

derecha   del   punto   G   –   gas   normal.
Las áreas FAB y GCB son iguales. Curva roja – Isoterma crítica. Punto K –
punto   crítico.

Curvas azul claro – isotermas supercríticas.

Artículo principal: Ecuación de estado

Modelo de Van der Waals[editar]

Artículo principal: Ecuación de Van der Waals

Los gases reales son ocasionalmente modelados tomando en cuenta su masa y volumen molares donde P es la presión, T es la temperatura, R es la constante de los gases ideales, y V_m es el volumen molar. "a" y "b" son parámetros que son determinados empíricamente para cada gas, pero en ocasiones son estimados a partir de su temperatura crítica (T_c) y su presión crítica (P_c) utilizando estas relaciones:

Modelo de Redlich–Kwong

La ecuación de Redlich–Kwong es otra ecuación de dos parámetros que es utilizada para modelar gases reales. Es casi siempre más precisa que la ecuación de Van der Waals, y en ocasiones más precisa que algunas ecuaciones de más de dos parámetros. La ecuación es donde "a" y "b" son dos parámetros empíricos que no son los mismos parámetros que en la ecuación de Van der Waals. Estos parámetros pueden ser determinados:

Modelo de Berthelot y de Berthelot modificado[editar] La ecuación de Berthelot (nombrada en honor de D. Berthelot es muy raramente usada,pero la versión modificada es algo más precisa

Modelo de Dieterici.

Este modelo (nombrado en honor de C. Dieterici[2]) cayó en desuso en años recientes.
Modelo de Clausius.
La ecuación de Clausius (nombrada en honor de Rudolf Clausius) es una ecuación muy simple de tres parámetros usada para modelar gases.

Modelo de Wohl

La ecuación de Wohl (nombrada en honor de A. Wohl[4]) está formulada en términos de valores críticos, haciéndola útil cuando no están disponibles las constantes de gases reales.

Modelo de Beattie–Bridgman

Esta ecuación está basada en cinco constantes determinadas experimentalmente.[5] Está expresada como: Se sabe que esta ecuación es razonablemente precisa para de unidades hasta alrededor de 0.8 ρ_{cr}, donde ρcr es la densidad de la sustancia en su punto crítico. Las constantes que aparecen en la ecuación superior están dadas en la siguiente tabla cuando P está en KPa, v está en, T está en $K\boxed{}$ y $R = 8.314$

Tabla 1 constante de gases

Gas	A_0	a	B_0	b	c
Aire	131.8441	0.01931	0.04611	-0.001101	4.34×10^4
Argón, Ar	130.7802	0.02328	0.03931	0.0	5.99×10^4
Dióxido de carbono, CO_2	507.2836	0.07132	0.10476	0.07235	6.60×10^5
Helio, He	2.1886	0.05984	0.01400	0.0	40
Hidrógeno, H_2	20.0117	-0.00506	0.02096	-0.04359	504

Nitrógeno, N_2	136.2315	0.02617	0.05046	-0.00691	4.20×10^4
Oxígeno, O_2	151.0857	0.02562	0.04624	0.004208	4.80×10^4

Datos obtenidos de libro de química básica 2

4.2 CONCEPTO DE VAPOR

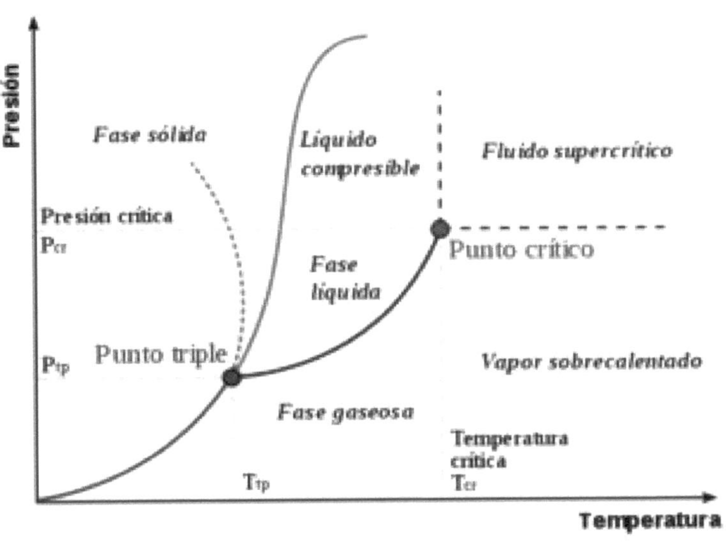

Grafica 3

El vapor es la zona por debajo de la línea vertical que representa la temperatura crítica.

El vapor es el estado de agregación de la materia en el que las moléculas interaccionan débilmente entre sí, sin formar enlaces moleculares adoptando la forma y el volumen del recipiente que las contiene y tendiendo a expandirse todo lo posible, es decir, que es la fase gaseosa de una sustancia a diferencia de que ésta se encuentra por debajo de su temperatura crítica.

Aunque utilizamos los términos gas y vapor de manera indistinta, rigurosamente existe una diferencia.

Un gas es una sustancia que normalmente se encuentra en el estado gaseoso a temperaturas y presiones ordinarias; un vapor es la forma gaseosa de cualquier sustancia que constituye un líquido o un sólido a temperaturas y presiones normales, mientras que un gas perfecto requiere el proceso de licuefacción, para pasar al estado líquido.

Cuando se habla de temperaturas y presiones normales se refiere a 25 °C y 1 atm. Ejemplo: Hablamos de vapor de agua y oxígeno gaseoso.

En la gráfica, el vapor es la llamada fase gaseosa, encerrada, por la línea vertical que representa la temperatura crítica y las curvas azul (curva de vaporización) y roja curva de sublimación, que representan las temperaturas y presiones específicas en las que coexisten los estado de la materia de líquido-gas y sólido-gas respectivamente y así convirtiéndose en vapor. Este diagrama de fases muestra los cambios de estado de la materia.

La curva con puntos de color verde muestra el comportamiento anómalo del agua y en general, el de todos los materiales que cuando se funden sufren una contracción de volumen específico.

La curva de fusión (en color verde) marca el punto de fusión para cada par (temperatura, presión). La curva de vaporización, en azul, lo mismo para el punto de ebullición, y la curva de sublimación, en rojo, muestra la presión de sublimación para cada temperatura. Se muestra como ellos varían con la presión. El punto de unión entre las tres curvas verde, azul y rojo es el punto triple. El punto crítico se ve en el otro extremo de la curva azul de vaporización. (imagen 2).

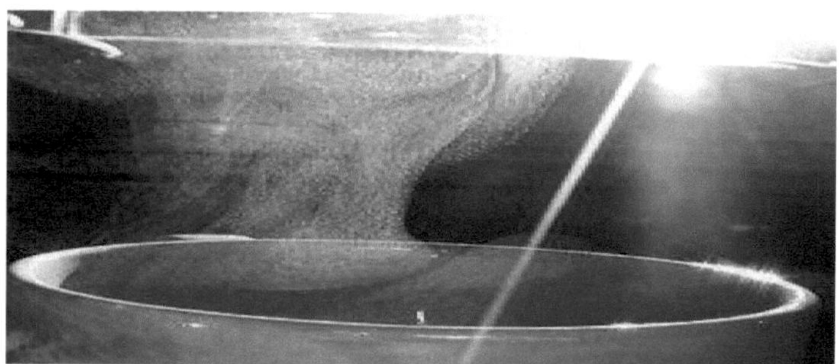

Fig 2

El agua se evapora en moléculas invisibles, muchas veces acompañada de gotas de agua que vuelven a condensar.

El vapor sobrecalentado es el gas que se encuentra por encima de su temperatura crítica, pero por debajo de su presión crítica.

El vapor es el estado en el que se encuentra un gas cuando se halla a un nivel inferior al de su punto crítico; éste hace referencia a aquellas condiciones de presión y temperatura por encima de las cuales es imposible obtener un líquido por compresión. Si un gas se encuentra por debajo de ese punto, esto significa que es susceptible de condensación a través de una reducción de su temperatura (manteniendo la presión constante) o por vía de la presurización (con temperatura constante).

Vapor.

Es importante aclarar que un gas es una sustancia que cumple con una característica bien definida: no tener ni forma ni volumen propios. Esto le permite amoldarse a las formas del elemento que lo contiene o dispersarse si no se encuentra contenido. En algunos casos especiales, como el vapor, dicho gas puede condensarse para ser manipulado fácilmente; sin embargo, no es ésta una característica que posean todos los gases.

El vapor de agua es el gas obtenido a partir de la ebullición (el proceso físico por el cual la totalidad de la masa de un líquido se convierte al estado gaseoso) o de la evaporación (el mismo proceso, pero que puede concretarse a una temperatura indistinta y sin que toda la masa del líquido llegue a su punto de ebullición) del agua líquida o de la sublimación (el cambio del estado sólido al gaseoso) del hielo. Este vapor no tiene olor ni color.

Locomotoras de vapor

A partir de la Revolución Industrial tuvieron lugar muchos avances en la vida de las sociedades. Entre ellos se encontró la invención del vapor como fuente de energía para los medios de transporte; de este modo surgió la locomotora de vapor que permitía el movimiento gracias a la energía surgida de la combustión de componentes como carbón o fueloil en una caldera. Así se calentaba el agua y cuando ésta entraba en la temperatura de ebullición, generaba una presión determinada que movía unos pistones que estaban conectados con las ruedas; éstas comenzaban a girar y hacían que el carruaje o la locomotora se trasladara acompasadamente.

La primera locomotora de vapor fue ideada por Richard Trevithick en 1804 y logró trasladar cinco vagones cargados de acero (10t) y pasajeros (70 personas), a una velocidad de 8 km/h. A él se le adjudica la creación de este medio de transporte, que significó un salto ineludible en el desarrollo de las sociedades. Pero existen muchos otros nombres relacionados con la locomotora de vapor y con los avances en los medios de trasporte, dos de ellos son:

John Blenkinsop: fue quien diseñó los rieles dentados para que las ruedas de la locomotora se fijaran y pudieran moverse de forma segura. Este modelo fue utilizado durante muchos años y del mismo deriva el diseño actual de todos los rieles.

George Stephenson: fuel el que mejoró el mecanismo de combustión, creando la primera locomotora de vapor moderna que distribuía el calor de forma más eficaz. La misma recibió el nombre de Rocket y su sistema de trabajo fue utilizado también en locomotoras posteriores.

Pero finalmente, cuando en los principios del Siglo XX aparecieron las locomotoras que combinaban un sistema diésel y eléctrico, basados en la combustión interna del petróleo, las de vapor fueron cayendo lentamente en desuso.

Cabe mencionar también que antiguamente muchas embarcaciones eran impulsadas por máquinas de vapor. Estos barcos contaban con calderas o turbinas de vapor y condensadores refrigerados de agua que les permitían movilizarse sin depender de las corrientes o de los vientos. Gracias al vapor se pudieron crear los primeros barcos transatlánticos. En la actualidad ya no existen embarcaciones que utilicen este método de propulsión.

4.3 Sustancia de trabajo

Sustancia de trabajo: la sustancia que constituye el sistema y que permite las diferentes transformaciones energéticas mediante la variación de algunas de sus características macroscópicas distintivas llamadas propiedades (masa, volumen, temperatura, presión, etc.)
Estado termodinámico: Descripción de las condiciones físicas de una sustancia en un instante dado caracterizada por el conocimiento de la magnitud de sus propiedades observables y el conocimiento de las fases o fases que se encuentra en la sustancia.

La producción, almacenamiento y transporte de sustancias químicas está presente en la vida diaria del país. Prácticamente, no hay sector productivo donde no se utilicen, pero también donde no haya ocurrido accidentes con graves consecuencias. Eventos como el ocurrido en Bopal (India) en diciembre de 1984, con más de 600 mil personas afectadas, han implicado un doloroso aprendizaje para desarrollar mejores prácticas.

Las sustancias químicas peligrosas son aquellas sustancias que por sus propiedades físicas y químicas, al ser manejadas, transportadas, almacenadas o procesadas presentan la posibilidad de riesgos a la salud, de inflamabilidad, de reactividad o peligros especiales, y pueden afectar la salud de las personas expuestas o causar daños materiales a las instalaciones. Así lo explica el Centro Nacional de Desastres de México en su documento Guía Práctica sobre Riesgos Químicos, en el cual detalla sobre las propiedades y características de las sustancias que todo trabajador debe conocer.

Propiedades físicas y químicas de las sustancias

Densidad: es la relación de masa por unidad de volumen de una sustancia determinada.

Estado físico: es el estado en que se presenta en la naturaleza una sustancia; dicho estado puede ser sólido, líquido o gaseoso.

Límite superior de inflamabilidad: es la concentración máxima de cualquier vapor o gas (% por volumen de aire), que se inflama o explota si hay una fuente de ignición presente en la temperatura ambiente.

Límite inferior de inflamabilidad: es la concentración mínima de cualquier vapor o gas (% por volumen de aire), que se inflama o explota si hay una fuente de ignición presente a la temperatura ambiente.

Peso molecular: es la masa de una sustancia expresada en gramo sobre mol.

Potencial de Hidrógeno (pH): es la concentración de iones hidronio, que representa la acidez o alcalinidad de una sustancia, dentro de una escala del 0 al.

Porcentaje de volatilidad.
es la proporción de volumen de una sustancia química peligrosa que se evapora a 21oC.
Presión de vapor: es la presión ejercida por un vapor saturado sobre su propio líquido en un recipiente cerrado, a 1,03 kg/cm2 y a 21°C.

Solubilidad en agua: es la propiedad de algunas sustancias químicas para disolverse en agua.

Temperatura de autoignición: es la temperatura mínima a la que una sustancia química entra en combustión en ausencia de chispa o llama.

Temperatura de ebullición: es la temperatura a la que la presión de vapor de un líquido, es igual a la presión atmosférica, cuando esto ocurre el líquido pasa a la fase de vapor.

Temperatura de fusión: es la temperatura a la cual una sustancia sólida cambia de estado y se convierte en líquida.

Temperatura de inflamación: es la temperatura mínima a la cual los materiales combustibles o inflamables desprenden una cantidad suficiente de vapores para formar una mezcla inflamable, la cual se enciende aplicando una fuente de ignición, pero que no es suficiente para sostener una combustión.

Velocidad de evaporación: es el cambio de estado por presión o temperatura, de una sustancia líquida o sólida a la fase de vapor en un determinado tiempo. El valor de esta velocidad tiene como base el de la sustancia de referencia.

Características de las sustancias químicas peligrosas Inflamabilidad: es la medida de la facilidad que presenta un gas, líquido o sólido para encenderse y de la rapidez con que, una vez encendido, se diseminarán sus llamas. Cuanto más rápida sea la ignición, más inflamable será el material. Los líquidos inflamables no lo son por sí mismos, sino que lo son debido a que su vapor es combustible.

Hay dos propiedades físicas de los materiales que indican su inflamabilidad: el punto de inflamación y la volatilidad.

Corrosividad: las sustancias químicas corrosivas pueden quemar, irritar o destruir los tejidos vivos y material inorgánico. Cuando se inhala o ingiere una sustancia corrosiva, se ven afectados los tejidos del pulmón y estómago. Gases corrosivos: causan daño en el cuerpo debido al contacto con la piel y por inhalación.

Líquidos corrosivos: se utilizan frecuentemente en el laboratorio y son, en gran medida, causa de lesiones corporales externas.

Sólidos corrosivos: producen lesiones retardadas. Debido a que los sólidos se disuelven fácilmente en la humedad de la piel y del aparato respiratorio, los efectos de los sólidos corrosivos dependen en gran medida de la duración del contacto.

Reactividad: es la capacidad de las sustancias para por sí mismas detonar, tener una descomposición explosiva o producir un rápido y violento cambio químico.

Toxicidad: la toxicidad se define como la capacidad de una sustancia para producir daños en los tejidos vivos, lesiones, enfermedad grave o en casos extremos la muerte, cuando se ingiere, inhala o se absorbe a través de la piel.

Explosividad.
Capacidad de las sustancias químicas que provocan una liberación instantánea de presión, gas y calor, ocasionado por un choque repentino, presión o alta temperatura.

4.4 Leyes de idealización de los gases

La ley general de los gases es una ley de los gases que combina la ley de Boyle-Mariotte, la ley de Charles y la ley de Gay-Lussac. Estas leyes científicamente se refieren a cada una de las variables que son presión, volumen y temperatura.

La ley de Charles establece que el volumen y la temperatura son directamente proporcionales cuando la presión es constante. La ley de Boyle afirma que la presión y el volumen son inversamente proporcionales entre sí a temperatura constante. Finalmente, la ley de Gay-Lussac introduce una proporcionalidad directa entre la temperatura y la presión, siempre y cuando se encuentre a un volumen constante. La interdependencia de estas variables se muestra en la ley de los gases combinados, que establece claramente que:

La relación entre el producto presión-volumen y la temperatura de un sistema permanece constante.

Matemáticamente puede formularse como:

$$\frac{PV}{T} = K$$

Donde:

P es la presión

V es el volumen

T es la temperatura absoluta (en kelvin)

K es una constante (con la unidad de energía divido por la temperatura) que dependerá de la cantidad de gas considerado

4.5. La ley de Boyle y Mariotte

Fue descubierta por Robert Boyle en 1662. Edme Mariotte también llegó a la misma conclusión que Boyle, pero no publicó sus trabajos hasta 1676. Esta es la razón por la que en muchos libros encontramos esta ley con el nombre de Ley de Boyle y Mariotte.

La ley de Boyle-Mariotte, o ley de Boyle, formulada independientemente por el físico y químico británico Robert Boyle (1662) y el físico y botánico francés Edme Mariotte (1676), es una de las leyes de los gases que relaciona el volumen y la presión de una cierta cantidad de gas mantenida a temperatura constante.

En 1662 Robert Boyle, descubrió que la presión aplicada a un gas es inversamente proporcional a su volumen a temperatura y numero de moles (cantidad de gas) constante. Es decir que, si se aumenta del doble la presión ejercida sobre el gas, este se comprime reduciendo su volumen a la mitad. Si la presión es 3 veces superior, el volumen será de un tercio.

$$PV = K$$
$$P1V1 = P2V2$$

La Ley de Boyle es una ley de los gases que relaciona la presión y el volumen de una determinada cantidad de gas, sin variación de temperatura, es decir, a temperatura constante. También se la conoce como Ley de Boyle-Mariotte porque fue formulada independientemente por el físico y químico anglo-irlandés Robert Boyle (1662) y el físico y botánico francés Edme Mariotte (1676).

La ley dice que: La presión ejercida por una fuerza física es inversamente proporcional al volumen de una masa gaseosa, siempre y cuando su temperatura se mantenga constante. O en términos más sencillos: A temperatura constante, el volumen de una masa fija de gas es inversamente proporcional a la presión que este ejerce. Matemáticamente se puede expresar así: PV = k donde k es constante si la temperatura y la masa del gas permanecen constantes.

La ley dice que:

La presión ejercida por una fuerza química es inversamente proporcional a la masa gaseosa, siempre y cuando su temperatura se mantenga constante (si el volumen aumenta la presión disminuye, y si la presión aumenta el volumen disminuye). O en términos más sencillos:

A temperatura constante, el volumen de una masa fija de gas es inversamente proporcional a la presión que este ejerce.

Matemáticamente se puede expresar así:

$$Pv = k$$

Donde (k) es constante si la temperatura y la masa del gas permanecen constantes.

Cuando aumenta la presión, el volumen baja, mientras que si la presión disminuye el volumen aumenta. No es necesario conocer el valor exacto de la constante (k) para poder hacer uso de la ley: si consideramos las dos situaciones de la figura, manteniendo constante la cantidad de gas y la temperatura, deberá cumplirse la relación⊗(imagen3)

$$p_1 v_2 = p_2 v_2$$

Dónde:

p_1 = presión inicial

p_2 = presión final

v_1 = volumen inicial

v_2 = volumen final

Además, si se despeja cualquier incógnita se obtiene lo siguiente:

$$p_1 = \frac{p_2 v_2}{v_1} \quad v_1 = \frac{p_2 v_2}{p_1} \quad p_2 = \frac{p_1 v_1}{v_2} \quad v_2 = \frac{p_1 v_1}{p_2}$$

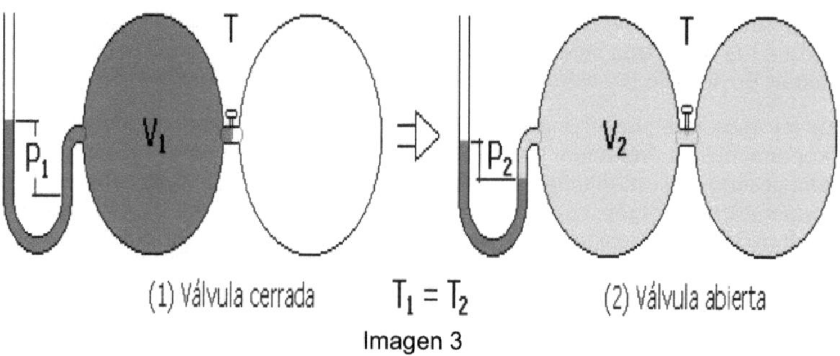

Imagen 3

Esta ley es una simplificación de la ley de los gases ideales o perfectos particularizada para procesos isotérmicos de una cierta masa de gas constante.

Junto con la ley de Charles, la ley de Gay-Lussac, la ley de Avogadro y la ley de Graham, la ley de Boyle forma las leyes de los gases, que describen la conducta de un gas ideal. Las tres primeras leyes pueden ser generalizadas en la ecuación universal de los gases.

Para poder verificar su teoría, Mariotte introdujo un gas en un cilindro con un émbolo y comprobó las distintas presiones al bajar el émbolo.[2] A continuación hay una tabla que muestra algunos de los resultados obtenidos en este este fenómeno siendo así:

Fórmulas de la ley de Boyle

Esta ley se puede expresar de forma matemática como:

$$P \cdot V = k$$

P es presión

V es Volumen

(K es una constante cuando Temperatura y masa son constantes).

Esta fórmula se puede utilizar para determinar el cambio de presión o temperatura durante una transformación isotérmica de la siguiente manera:

$$P1 \cdot V1 = P2 \cdot V2$$

Es decir, que el producto entre la presión inicial y el volumen inicial es igual al producto de la presión final por el volumen final. Por ejemplo, si se desea determinar el volumen final, será suficiente dividir P1V1 entre P2.

$$(P1 \cdot V1)/P2 = V2$$

Explicación cinética de la Ley de Boyle en este gráfico se puede observar que cuando la temperatura disminuye, la hipérbole equilátera (llamada isoterma) "se mueve" hacia la izquierda.

Cuando aumenta el volumen del recipiente que contiene el gas, la distancia que las partículas deben recorrer antes de colisionar contra las paredes del recipiente aumenta. Este aumento de distancia hace que las colisiones (choques) sean menos frecuentes, y por lo tanto la presión ejercida sobre las paredes es inferior a la ejercida anteriormente cuando el volumen era inferior. (imagen4)

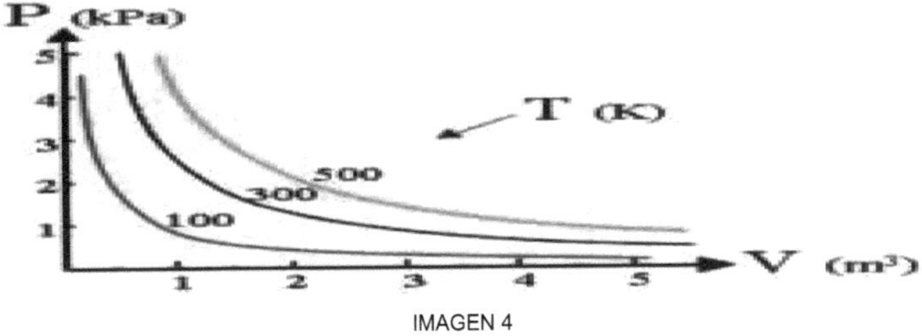

IMAGEN 4

¿Por qué ocurre esto?

Al aumentar el volumen, las partículas (átomos o moléculas) del gas tardan más en llegar a las paredes del recipiente y por lo tanto chocan menos veces por unidad de tiempo contra ellas. Esto significa que la presión será menor ya que ésta representa la frecuencia de choques del gas contra las paredes.

Cuando disminuye el volumen la distancia que tienen que recorrer las partículas es menor y por tanto se producen más choques en cada unidad de tiempo: aumenta la presión.

Lo que Boyle descubrió es que, si la cantidad de gas y la temperatura permanecen constantes, el producto de la presión por el volumen siempre tiene el mismo valor.

Como hemos visto, la expresión matemática de esta ley es:

$$PV = k$$

(el producto de la presión por el volumen es constante)

Supongamos que tenemos un cierto volumen de gas V1 que se encuentra a una presión P1 al comienzo del experimento. Si variamos el volumen de gas hasta un nuevo valor V2, entonces la presión cambiará a P2, y se cumplirá:

$$P1V1 = P2V2$$

que es otra manera de expresar la ley de Boyle.

Ejercicios sobre la ley de Boyle

1) Un determinado gas con una presión de 1,8 atm ocupa un volumen de 0,9L. Manteniendo constantes la temperatura, se aumenta la presión del gas a 4,1 atm. Calcular el volumen ocupado por el gas. Teniendo en cuenta la fórmula de la ley de Boyle planteada anteriormente $P1 \cdot V1 = P2 \cdot V2$ se realizan los cálculos necesarios.

$$(P1 \cdot V1)/P2 = V2$$

$$(1{,}8atm \cdot 0{,}9L)/4{,}1atm = V2 = 0{,}395L$$

Respuesta: El nuevo volumen ocupado por el gas será 0,395L

2) Un gas que ocupaba 4L de volumen, ha pasado a ocupar un volumen de 3L luego de que la presión ha sido aumentada a 800 mmHg. ¿Cuál era la presión inicial a la que se encontraba el gas?

$$P1 \cdot V1 = P2 \cdot V2$$

De la cual nos interesa despejar P1.

$$P1 = (P2 \cdot V2)/V1$$

Sustituimos con los datos proporcionados:

$$P1 = (800\,mmHg \cdot 3L)/4L$$

$$P1 = 600\,mmHg$$

L de un gas están a 600.0 mmHg de presión.

3°¿Cuál será su nuevo volumen si aumentamos la presión hasta 800?0 mmHg?

Solución: Sustituimos los valores en la ecuación $P1V1 = P2V2$.

$$(600.0 \, mmHg) \, (4.0 \, L) = (800.0 \, mmHg) \, (V2)$$

Si despejas V2 obtendrás un valor para el nuevo volumen de 3L.

4) Se desea comprimir 10 litros de oxígeno, a temperatura ambiente y una presión de 30 KPa, hasta un volumen de 500 mL. ¿Qué presión en atmósferas hay que aplicar?

$$P1 = 30 \, KPa \, (1 \, atm \, / \, 101.3 kPa) = 0.3 \, atm$$

$$500 \, mL = 0.5L.$$

$$P1V1 = P2V2$$

$$P1 = 0.3 \, atm$$

$$V1 = 10 \, L$$

$$V2 = 0.50 \, L$$

$$Despejamos \; P2 \; y \; sustituimos.$$

$$P2 = P1 \, (V1/V2)$$

$$P2 = 0.3 \, atm \, (10L \, / \, 0.50L) = 6 \, atm$$

Experimento de Boyle

Para poder verificar su teoría introdujo un gas en un cilindro con un émbolo y comprobó las distintas presiones al bajar el émbolo. A continuación, hay una tabla que muestra algunos de los resultados que obtuvo este fenómeno:

Tabla 2 experimento de Boyle

x	p(atm)	V (L)	P.V
	0.5	60	30
	1.0	30	30
	1.5	20	30
	2.0	15	30
	2.5	12	30
	3.0	10	30

Datos obtenidos atreves del experimento de Boyle (científico Boyle)

Si se observan los datos de la tabla se puede comprobar que al aumentar el volumen, la presión disminuye. Por ello se usa una diagonal isotérmica para representarlo en una gráfica. , aumenta y que al multiplicar y se obtiene atm L.

4.6. LEY DE CHARLES

En 1787, Jack Charles estudió por primera vez la relación entre el volumen y la temperatura de una muestra de gas a presión constante y observó que cuando se aumentaba la temperatura el volumen del gas también aumentaba y que al enfriar el volumen disminuía.

Es bastante interesante que muchas sustancias diferentes se comporten exactamente igual. La explicación aceptada, que James Clerk Maxwell planteó alrededor de 1860, es que la cantidad de espacio que ocupa un gas depende puramente del movimiento de las moléculas de gas.

En condiciones normales, las moléculas de gas están muy lejos de sus vecinos, y son tan pequeñas que su propio volumen es insignificante. La ley de Charles es una ley de gas que establece que los gases se expanden cuando se calientan. La ley también se conoce como la ley de los volúmenes.

La ley de Charles es una ley que nos dice que cuando la cantidad de gas y de presión se mantienen constantes, el cociente que existe entre el volumen y la temperatura siempre tendrá el mismo valor.

¿Por qué ocurre esto?

Cuando aumentamos la temperatura del gas las moléculas se mueven con más rapidez y tardan menos tiempo en alcanzar las paredes del recipiente. Esto quiere decir que el número de choques por unidad de tiempo será mayor. Es decir se producirá un aumento (por un instante) de la presión en el interior del recipiente y aumentará el volumen (el émbolo se desplazará hacia arriba hasta que la presión se iguale con la exterior).

Lo que Charles descubrió es que si la cantidad de gas y la presión permanecen constantes, el cociente entre el volumen y la temperatura siempre tiene el mismo valor.

Matemáticamente podemos expresarlo así:

$$V T = k V T = k$$

(El cociente entre el volumen y la temperatura es constante)

Supongamos que tenemos un cierto volumen de gas V_1 que se encuentra a una temperatura T_1 al comienzo del experimento. Si variamos el volumen de gas hasta un nuevo valor V_2, entonces la temperatura cambiará a T_2, y se cumplirá:

$$V 1 T 1 = V 2 T 2 V 1 T 1 = V 2 T 2$$

Que es otra manera de expresar la ley de Charles.

Esta ley se descubre casi ciento cuarenta años después de la de Boyle debido a que cuando Charles la enunció se encontró con el inconveniente de tener que relacionar el volumen con la temperatura Celsius ya que aún no existía la <u>escala absoluta</u> de temperatura.

¿En qué consiste la ley de charles?

La ley de Charles es una de las leyes que se encuentra relacionada con los gases. Consiste en la relación que existe entre el volumen y la temperatura de una cierta cantidad de gas ideal, el cual se mantiene a una presión constante, por medio de una constante de proporcionalidad que se aplica de forma directa. Jacques Charles dice que para una determinada suma de gas a una presión constante, al aumentar

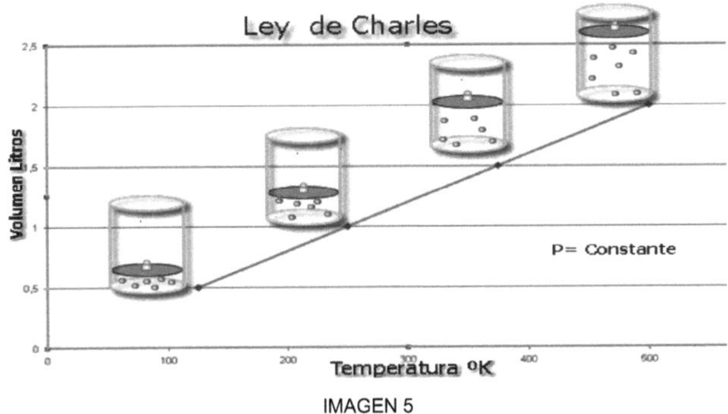

IMAGEN 5

la temperatura, el volumen del gas aumenta y al disminuir la temperatura, el volumen del gas disminuye porque la temperatura se encuentra directamente relacionada con la energía del movimiento que tienen las moléculas del gas. Así que, para cierta cantidad de gas a una presión dada, se dará una mayor velocidad de las moléculas y mayor volumen del gas. (imagen5)

4.7. LEY DE GAY LUSSAC

Historia

El científico que propuso la ley fue Gay-Lussac quien nació en St. Leonard, un pueblo al sur de Francia, y quien estudió en la Escuela Politécnica de París. Al salir de ésta, en 1801, inició su trabajo en el Departamento de Caminos y Puentes. Inició sus investigaciones al ser elegido por Berthollet para trabajar como su asistente en los establecimientos químicos del gobierno.

La ley fue publicada primero por Louis Joseph Gay-Lussac en 1802, pero hacía referencia al trabajo no publicado de Jacques Charles, de alrededor de 1787, lo que condujo a que la ley sea usualmente atribuida a Charles. La relación había sido anticipada anteriormente en los trabajos de Guillaume Amontons en 1702.

Uno de los aspectos más asombrosos que podemos conocer sobre los gases es que, a pesar de las grandes diferencias en las propiedades químicas que tiene cada uno de ellos, todos los gases

99

obedecen más o menos a las leyes de los gases. Las leyes de los gases se refieren a cómo se comportan los gases con respecto a la presión, el volumen, la temperatura y la cantidad.

La ley de Gay-Lussac establece que cuando los gases reaccionan, lo hacen en volúmenes que tienen una relación simple entre sí, y que, al volumen del producto formado, si es gaseoso, mantiene la temperatura y la presión constantes. (imagen6)

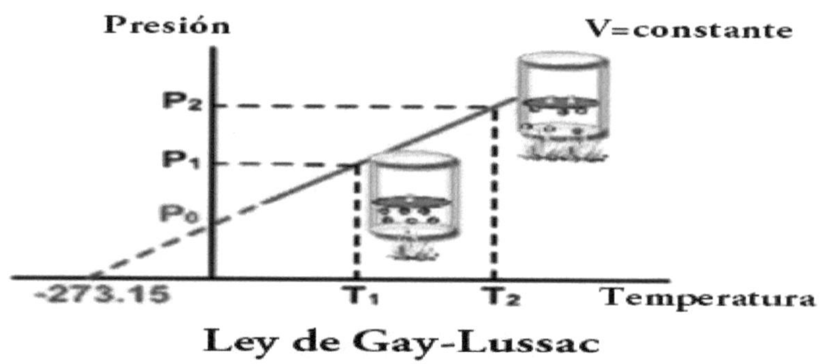

IMAGEN 6

Importancia de la Lay de Gay Lussac

Básicamente, la importancia que tiene esta ley de gas es que nos indica que, al aumentar la temperatura de un gas, su presión aumenta proporcionalmente, asumiendo que el volumen no cambia. De manera muy parecida, cuando se disminuye la temperatura, la presión cae de manera proporcional.

La ley de Gay-Lussac es una ley que nos dice que dependiendo del volumen que exista de manera constante, la presión de un gas será directamente proporcional a la temperatura.

Cuando se aumenta la temperatura, las moléculas que tiene un gas se movilizan más rápidamente y por esta razón aumenta el número de choques que se da contra las paredes, en otras palabras, se aumenta la presión ya que el recipiente es de paredes fijas y su volumen no puede cambiar.

Consiste en establecer una relación entre la presión y la temperatura de un gas ideal, manteniéndolo a un volumen constante, por medio de una constante de proporcionalidad directa. En la se nos dice que cuando hay un volumen constante, al aumentar la temperatura, la presión del gas aumenta y cuando se disminuye la temperatura, presión del gas disminuye.

Formulas

La ecuación o fórmula matemática que nos explica la ley de Gay-Lussac se escribe de la siguiente forma:

$$P1/T1 = P2/T2$$

$$dónde:$$

$$P1 = Presión\ Inicial$$

$$T1 = Temperatura\ Inicial$$

$$P2 = Presión\ Final$$

$$T2 = Temperatura\ Final$$

Ejercicio sobre la ley de Charles

1) Un gas ocupa un recipiente de 1,5 litros de volumen constante y ha llegado a la temperatura de 179°C y una presión de 770 mmHg. La temperatura inicial era de 50°C ¿A qué presión se encontraba el gas inicialmente?

$$P1\ /\ T1 = P2\ /\ T2$$

$$de\ la\ cual\ se\ debe\ despejar\ P1$$

$$P1 = (P2\ /\ T2)\ .T1$$

$$(770/452,15)\ .323,15 = 550,3\ mmHg = P1$$

2) Un determinado volumen constante de un gas se encuentra a una presión de 950 mmHg cuando su temperatura es de 25.0°C. ¿A qué temperatura su presión será de 1 atm?

$$P1 = 950/760 = 1,25\ atm$$

$$P2 = 1\ atm$$

$$T1 = 25.0°C = 298,15\ K$$

$$T2 =?$$

$$(P2.T1\ )\ /\ P1 = T2$$

$$(1*298,15)/1.25 = 238,52\ K = -34,73\ °C$$

4.8. ECUACIÓN GENERAL DE LOS GASES

Las leyes de los gases relacionan las magnitudes que intervienen en sus propiedades: el volumen que ocupan, **V**, la temperatura a la que se encuentran **T** y la presión que ejercen sobre las paredes del recipiente que los contienen, **P**.

La ecuación general de los gases

Fue Gay - Lussac quien unifico las tres leyes: la ley de Boye Mariotte (a T cte) y las dos leyes de Gay Lussac (a P cte y a V cte), enunciando la ecuación general de los gases. Nos da la relación entre la presión volumen y temperatura de una determinada masa de gas.

Esta ecuación general de los gases ideales globaliza las tres leyes estudiadas en una sola ecuación, que nos indica que:

$$\frac{P.V}{T} = CONSTANTE \rightarrow \frac{P_1.V_1}{T_1} = \frac{P_2.V_2}{T_2} \qquad R = 0{,}082 \frac{atm.l}{mol.k}$$

$$R = 8{,}31 \frac{J}{mol.k}$$

Utilizando R la ecuación de estado de los gases para 1 mol de sustancia quedará:

$$\frac{P.V}{T} = R \rightarrow P.V = R.T$$

Ecuación general de los gases ideales

Partiendo de la ecuación de estado:

$$P \cdot V = n \cdot R \cdot T$$

Tenemos que:

$$\frac{P.V}{n.T} = R$$

Donde R es la constante universal de los gases ideales, luego para dos estados del mismo gas, 1 y 2:

$$\frac{P_1 \cdot V_1}{n_1 \cdot T_1} = \frac{P_2 \cdot V_2}{n_2 \cdot T_2} = R$$

Para una misma masa gaseosa (por tanto, el número de moles «n» es constante), podemos afirmar que existe una constante directamente proporcional a la <u>presión</u> y <u>volumen</u> del gas, e inversamente proporcional a su <u>temperatura</u>.

$$\frac{P_1 \cdot V_1}{T_1 \cdot n_1} = \frac{P_2 \cdot V_2}{T_2 \cdot n_2}$$

A partir de las leyes de los gases se establece la **Ecuación General** que relaciona la cantidad de moles con el volumen, la presión y la temperatura.

$$P \, x \, V \, = \, n \, x \, R \, x \, T$$

$$R \, = \, constante \, = \, 0{,}082 \, litro.atm \, / \, {}^{\circ}K \, .mol$$

Problemas resueltos del tema

Problema n° 1) Un volumen gaseoso de un litro es calentado a presión constante desde 18 °C hasta 58 °C, ¿qué volumen final ocupará el gas?

Desarrollo

Datos:

$$V1 = 1\,l$$

$$P1 = P2 = P = constante$$

$$t1 = 18\,°C$$

$$t2 = 58\,°C$$

$$Ecuación:$$

$$P1.V1/T1 = P2.V2/T2$$

$$Si\,P = constante$$

$$V1/T1 = V2/T2$$

Pasamos las temperaturas a temperaturas absolutas.

$$t1 = 18\,°C$$
$$T1 = 18\,°C + 273,15\,°C$$
$$T1 = 291,15\,K$$

$$t2 = 58\,°C$$
$$T2 = 58\,°C + 273,15\,°C$$
$$T2 = 331,15\,K$$

$$Despejamos\,V2:$$

$$V2 = V1.T2/T1$$
$$V2 = 1\,l.331,15\,K/291,15\,K$$
$$\boldsymbol{V2 = 1,14\,l}$$

4.9 CONSTANTE ESPECÍFICA DEL GAS

La constante de los gases ideales en una constante física que relaciona varias funciones de estado. Entre ellas la energía, la temperatura y la cantidad de moles de un gas. El valor constante resultante se utiliza en la ecuación de estado de los gases ideales. Esta combina las leyes de Avogadro, de Gay Lussac y la ley de Chales.

La ley de Boyle (también conocida como ley de Boyle y Mariotte), nos dice que, si en un gas ideal se mantiene la temperatura constante, la presión del gas es inversamente proporcional al volumen que ocupa, lo que se expresa:

$$P1\,V1 \;=\; P2\,V2$$

La Ley de Gay Lussac, si mantenemos constante el volumen y el número de moles de un gas, un aumento de temperatura causará un aumento en la presión. De la misma manera, un descenso de temperatura es responsable de un descenso en la presión de dicho gas.

$$\frac{P1}{T1} = \frac{P2}{T2}$$

La Ley de Charles predice que en si mantenemos constante la presión de un gas, un aumento en la temperatura causará un aumento en el volumen del gas.

$$\frac{V1}{T1} = \frac{V2}{T2}$$

Ecuación general de los Gases

Ahora que conocemos las tres leyes más importantes, podemos relacionarlas. En la fórmula están presentes la presión de un gas, su volumen, el número de moles, la constante universal de los gases y la temperatura absoluta.

En el modelo de gas ideal, el volumen de la molécula del gas es despreciable, y las partículas no interactúan entre sí. A la constante de los gases ideales se le conoce como Valor R. Este no es un valor constante, y depende de la temperatura y el número de partículas.

La mayor parte de los gases reales se acercan a esta constante dentro de dos cifras significativas. Algunos gases, como el oxígeno o el hidrógeno, se comportan como gases ideales. Pero solo a temperatura ambiente y con presión atmosférica normal. El Valor R se puede despejar de la ecuación, pudiendo calcular los otros valores mediante un termómetro y un barómetro.

$$\frac{P1\,V1}{T1} = \frac{P2\,V2}{T2}$$

Problemas resueltos:

1) Un volumen gaseoso de un litro es calentado a presión constante desde 18 °C hasta 58 °C, ¿qué volumen final ocupará el gas?

Solución

$$Si\ P \;=\; constante$$

$$V1/T1 \;=\; V2/T2$$

Pasamos las temperaturas a temperaturas absolutas.

$$t1 \;=\; 18\,°C$$
$$T1 \;=\; 18\,°C \;+\; 273{,}15\,°C$$
$$T1 \;=\; 291{,}15\,K$$

$$t2 \;=\; 58\,°C$$

$$T2 = 58\,°C + 273,15\,°C$$
$$T2 = 331,15\,K$$

$$Despejamos\ V2:$$

$$V2 = V1.\,T2/T1$$
$$V2 = 1\,l.\,331,15\,K/291,15\,K$$
$$\boldsymbol{V2 = 1,14\ l}$$

2) Una masa gaseosa a 32 °C ejerce una presión de 18 atmósferas, si se mantiene constante el volumen, ¿qué aumento sufrió el gas al ser calentado a 52 °C?

Solución

$$Si\ V = constante:$$

$$P1/T1 = P2/T2$$

Pasamos las temperaturas a temperaturas absolutas.

$$t1 = 32\,°C$$
$$T1 = 32\,°C + 273,15\,°C$$
$$T1 = 305,15\,K$$

$$t2 = 52\,°C$$
$$T2 = 52\,°C + 273,15\,°C$$
$$T2 = 325,15\,K$$

$$Despejamos\ P2:$$

$$P2 = P1.\,T2/T1$$
$$P2 = 18\,atmósferas.\,325,15\,K/305,15\,K$$
$$\boldsymbol{P2 = 19,18\ atmósferas}$$

3) En un laboratorio se obtienen 30 cm³ de nitrógeno a 18 °C y 750 mm de Hg de presión, se desea saber cuál es el volumen normal.

Solución

$$V2 = (P1.\,V1.\,T2)/(P2.\,T1)$$
$$V2 = (750\,mm\,Hg.\,0,03\,l.\,273,15\,K)/(760\,mm\,Hg.\,291,15\,K)$$
$$\boldsymbol{V2 = 0,0278\ l}$$

4.10 CONSTANTE UNIVERSAL DE LOS GASES

La constante universal de los gases ideales es una constante física que relaciona entre sí diversas funciones de estado termodinámicas, estableciendo esencialmente una relación entre la energía, la temperatura y la cantidad de materia.

En su forma más particular la constante se emplea en la relación de la cantidad de materia en un gas ideal, medida en número de moles (n), con la presión (P), el volumen(V) y la temperatura (T), a través de la ecuación de estado de los gases ideales

$$PV = nRT$$

El modelo del gas ideal asume que el volumen de la molécula es cero y las partículas no interactúan entre sí. La mayor parte de los gases reales se acercan a esta constante dentro de dos cifras significativas, en condiciones de presión y temperatura suficientemente alejadas del punto de licuefacción o sublimación. Las ecuaciones de estado de gases reales son, en mucho caso, correcciones de la anterior.

Valor de R

El valor de R en distintas unidades es:

$$R = \begin{cases} = 0{,}08205746 \ [\frac{atm \cdot L}{mol \cdot k}] \\[6pt] = 62{,}36367 \ [\frac{atm \cdot L}{mol \cdot k}] \\[6pt] = 1{,}987207 \ [\frac{atm \cdot L}{mol \cdot k}] \end{cases}$$

$$= 8{,}314472 \ [\frac{atm \cdot L}{mol \cdot k}]$$

$$R = 8{,}314472 \quad J/\left(K \cdot mol\right)$$

$$R = 8{,}314472 \cdot 10^{-3} \quad kJ/\left(K \cdot mol\right)$$

$$R = 0{,}08205746 \quad L \cdot atm/\left(K \cdot mol\right)$$

$$R = 8{,}205746 \cdot 10^{-5} \quad m^3 \cdot atm/\left(K \cdot mol\right)$$

$$R = 8{,}314472 \quad cm^3 \cdot MPa/\left(K \cdot mol\right)$$

$$R = 8{,}314472 \quad L \cdot kPa/\left(K \cdot mol\right)$$

$$R = 8{,}314472 \quad m^3 \cdot Pa/\left(K \cdot mol\right)$$

$$R = 62{,}36367 \quad L \cdot mmHg/\left(K \cdot mol\right)$$

$$R = 62{,}36365 \quad L \cdot Torr/\left(K \cdot mol\right)$$

$$R = 83{,}14472 \quad L \cdot mbar/\left(K \cdot mol,\right)$$

$$R = 1{,}987 \quad cal/\left(K \cdot mol\right)$$

$$R = 6,132440 \quad \text{lbf} \cdot \text{ft} \cdot \text{K}^{-1} \cdot \text{g} - \text{mol}^{-1}$$

$$R = 10,73159 \quad \text{ft}^3 \cdot \text{psi} \cdot {}^\circ\text{R}^{-1} \cdot \text{lb} - \text{mol}^{-1}$$

$$R = 0,7302413 \quad ft^3 \cdot atm \cdot {}^\circ R^{-1} \cdot lb - mol^{-1}$$

$$R = 2,2024 \quad ft^3 \cdot mmHg \cdot K^{-1} \cdot mol^{-1}$$

$$R = 8,314472 \cdot 10^7 \quad erg \cdot K^{-1} \cdot mol^{-1}$$

$$R = 1716 \quad ft \cdot lb \cdot {}^\circ R^{-1} \cdot slug^{-1} \text{ (solo aire)}$$

$$R = 286,9 \quad N \cdot m \cdot kg^{-1} \cdot K^{-1} \text{(solo aire)}$$

$$R = 286,9 \quad J \cdot kg^{-1} \cdot K^{-1} \text{ (solo aire)}$$

$$R = 0,08205746 \quad dm^3 \cdot atm / (K \cdot mol)$$

Si bien la constante se introdujo originalmente en el contexto de los gases, y de ahí su nombre, la constante R aparece en muchos otros contextos que no tienen nada que ver con lo gases. Eso se debe a que realmente la constante R está relacionada con la constante de Boltzmann, que es es una factor que relaciona en muchos sistemas unidades de energía con unidades de temperatura. Así, cuando la relación se establece con la cantidad de materia entendida como número de partículas, se transforma la constante **R** en la constante de Boltzmann, que es igual al cociente entre **R** y el número de Avogadro:

$$k_B = \frac{R}{NA}$$

Además de en la ecuación de estado de los gases ideales, la constante universal R (o en forma de constante de Boltzmann) aparece en muchas expresiones físico-químicas importantes, como la ecuación de Nernst, la de Clausius-Mossotti (conocida también como de Lorentz-Lorentz), la de Arrhenius o la de Van't Hoff, así como entermodinámica estadística.

PROBLEMAS RESUELTOS

Ejercicio 1:

calcular el volumen de 6,4 moles de un gas a 210ºC sometido a 3 atmósferas de presión. **Solución:**

Estamos relacionando moles de gas, presión, temperatura y volumen por lo que debemos emplear la ecuación $P \cdot V = n \cdot R \cdot T$

Pasamos la temperatura a Kelvin: $210^\circ C = (210 + 273)\,{}^\circ K = 483^\circ K$

$$V = n \cdot R \cdot T / P = 6{,}4\,moles \cdot 0{,}0821 \cdot 483^{\circ}K / 3\,atm. = \mathbf{84{,}56\ litros}$$

Ejercicio 2:

calcular el número de moles de un gas que tiene un volumen de 350 ml a 2,3 atmósferas de presión y 100ºC. **Solución**:

Estamos relacionando moles de gas, presión, temperatura y volumen por lo que debemos emplear la ecuación $P \cdot V = n \cdot R \cdot T$

Pasamos la temperatura a Kelvin: $100^{\circ}C = (100 + 273)\,^{\circ}K = 373^{\circ}K$

$$n = (P \cdot V) / (R \cdot T) = (2{,}3\,atm. \cdot 0{,}35\,l.) / (0{,}0821 \cdot 373^{\circ}K)$$
$$= \mathbf{0{,}0263\ moles}$$

4.11 DETERMINACION EXPERIMENTAL DE LA CONSTANTE DE LOS GASES

La constante de los gases, R, es la constante más utilizada por los estudiantes de química, tanto de secundaria y bachillerato como de carreras universitarias, ya sea para cálculos estequiométricos, $R = 0{,}082\ atm \cdot L \cdot mol{-}1 \cdot K{-}1$, para cálculos termodinámicos, $R = 8{,}314\,J \cdot mol{-}1 \cdot K{-}1$. Por este motivo, en este trabajo se pretende explicar un sencillo método experimental para la medida y comprobación de dicha constante.

La práctica la realizan alumnos de bachillerato y en ella, además de determinar el valor de la constante R realizando medidas en un gas ideal, hidrógeno que obtienen mediante la que obtienen mediante la reacción entre ácido sulfúrico y un metal reductor como el magnesio, preparan disoluciones con ácido sulfúrico comercial, realizan los cálculos y hacen regresiones lineales con la hoja de cálculo Excel de Microsoft ® y finalmente gestionan los residuos ácidos obtenidos al finalizar la práctica.

MÉTODO EXPERIMENTAL

Se preparan 100 mL de disolución ácido sulfúrico 2 M partiendo de H M partiendo de H2SO4 de riqueza 96% en masa. Se introducen en la bureta 10 mL de esta disolución y, a continuación, se llena con agua hasta que rebose. Se pesa una porción de cinta de Mg de 50 mg y se enrosca en el hilo de nylon que atraviesa un tapón de silicona.

Se tapa la bureta con el tapón, se le da la vuelta y se introduce en el vaso de PP que está lleno de agua hasta su mitad. El ácido sulfúrico, más denso que el agua, desciende por el interior de la bureta y al entrar en contacto con el magnesio produce el desprendimiento de hidrógeno de acuerdo con la reacción: $H2SO4\,(aq) + Mg\,(s)) + Mg\,(s) \rightarrow MgSO4\,(aq) + H2\,(g)$. Se extrae ligeramente el tapón para facilitar la salida del agua desalojada por el hidrógeno obtenido.

Una vez consumido el magnesio, reactivo limitante, cesa el desprendimiento de hidrógeno. Para el gas obtenido se miden, número de moles (estequiométricamente los mismos que los de magnesio) volumen, presión y temperatura.

Se repite el experimento seis veces más, cambiando las cantidades de magnesio en 5 mg hasta llegar a 20 mg. El residuo ácido que contiene el vaso al finalizar el experimento experimento se neutraliza con bicarbonato de sodio añadiendo naranja naranja de metilo como indicador.

MATERIAL Y REACTIVOS

Bureta 50 mL

Ácido sulfúrico sulfúrico 96%

Vaso PP 1 L

Cinta de magnesio magnesio

Matraz aforado aforado 100 mL

Naranja Naranja de metilo

Probeta Probeta 25 mL

Bicarbonato Bicarbonato de sodio

Regla 50 cm

Tapón de silicona

Es muy importante evitar que el aire que queda atrapado en la parte inferior de la bureta al girarla entre en la misma y se mezcle con el H2. El H2 se encuentra mezclado con vapor de agua, para obtener la presión del gas seco se debe descontar la presión de vapor de agua a esta temperatura (p°).

La presión ejercida por el gas húmedo y la columna de agua es igual a la presión atmosférica. La altura de esta columna (ph) está determinada por la diferencia de alturas del líquido en la bureta y en el vaso.

La parte superior arte superior de la bureta se encuentra sin graduar y es preciso determinar su capacidad (Vsg). Para ello se llena con agua que se recoge y mide con una probeta.

La presión ejercida por el hidrógeno se calcula mediante la expresión, $p = patm - p° - ph$. El volumen ocupado por el hidrógeno se calcula mediante la expresión, $V = Vgas + Vsg$. La Tabla 1 muestra los datos experimentales obtenidos por un grupo de alumnos Técnicas Experimentales de Laboratorio de 2° de bachillerato. Los resultados experimentales obtenidos a partir de los datos anteriores se muestran en la

El valor experimental obtenido con este método para la constante es, $R = 0,0827\ atm \cdot L \cdot mol-1 \cdot K-1$. Aplicando cálculo de errores, el valor experimental obtenido es, $R = 0,0827\ R = 0,0827 \pm 0,0003\ atm \cdot L \cdot mol\ 0,0003\ atm \cdot L \cdot mol-1 \cdot K-1$.

4.12 ENERGIA INTERNA, ENTALPIA Y ENTROPIA EN GASES IDEALES

La mezcla ideal es un modelo de mezcla en el cual el volumen, la energía interna y la entalpía de la mezcla es igual al de los componentes puros por separado, es decir el volumen, la energía y la entalpía de mezcla es nula. Cuanto más se acerquen a estos valores los de una mezcla real mas ideal será la mezcla. Alternativamente una mezcla es ideal si su coeficiente de actividad es 1. Este coeficiente es el que mide la idealidad de las soluciones.

ENTALPIA: es cantidad de energía de un sistema termodinámico que éste puede intercambiar con su entorno. Por ejemplo, en una reacción química a presión constante, el cambio de entalpía del sistema es el calor absorbido o desprendido en la reacción. En un cambio de fase, por ejemplo, de líquido a gas, el cambio de entalpía del sistema es el calor latente, en este caso el de vaporización. En un simple cambio de temperatura, el cambio de entalpía por cada grado de variación corresponde a la capacidad calorífica del sistema a presión constante.

El término de entalpía fue acuñado por el físico alemán Rudolf J.E. Clausius en 1850. Matemáticamente, la entalpía H es igual a $U + pV$, donde U es la energía interna, p es la presión y V es el volumen. H se mide en julios.

ENERGÍA INTERNA: Se denomina energía interna del sistema a la suma de las energías de todas sus partículas (la energía cinética interna, es decir, de las sumas de las energías cinéticas de las individualidades que lo forman respecto al centro de masas del sistema, y de la energía potencial interna, que es la energía potencial asociada a las interacciones entre estas individualidades). En un gas ideal las moléculas solamente tienen energía cinética, los choques entre las moléculas se suponen perfectamente elásticos, la energía interna solamente depende de la temperatura.

ENTROPIA:

función de estado que mide el desorden de un sistema físico o químico, y por tanto su proximidad al equilibrio térmico. En cualquier transformación que se produce en un sistema aislado, la entropía del mismo aumenta o permanece constante, pero nunca disminuye. Así, cuando un sistema aislado alcanza una configuración de entropía máxima, ya no puede experimentar cambios: ha alcanzado el equilibrio.

En el caso de dos gases puros que no reaccionan químicamente entre sí, que se encuentren encerrados, a la misma presión y temperatura, en sendos recipientes comunicados por una llave de paso, al abrir ésta, las moléculas de cada gas comenzarán a pasar de un recipiente a otro, hasta que sus concentraciones en ambos se igualen.

Todo este proceso transcurre sin variación de presión, temperatura o volumen; no se intercambia en él trabajo alguno, ni existe variación de energía, pero ésta se ha degradado en la evolución del sistema desde el estado inicial hasta el final. Es decir, el valor energético de un sistema no depende tan sólo de la materia y la energía que contiene sino de algo más, la entropía, que expresa lo que hay en él de orden o de desorden. La energía se conserva, pero se va degradando a medida que la entropía del sistema aumenta.

4.13 Propiedades de los gases ideales

1- ¿Qué propiedades tienen los gases?

En los gases, las fuerzas de atracción son casi inexistentes, por lo que las partículas están muy separadas unas de otras y se mueven rápidamente y en cualquier dirección, trasladándose incluso a largas distancias.

Esto hace que los gases tengan las siguientes propiedades:

1.1- No tienen forma propia

No tienen forma propia, pues se adaptan al recipiente que los contiene.

1.2- Se dilatan y contraen como los sólidos y líquidos.

1.3- Fluidez

Es la propiedad que tiene un gas para ocupar todo el espacio debido a que, prácticamente, no posee fuerzas de unión entre las moléculas que lo conforman.

Por ejemplo: Cuando hay un gas encerrado en un recipiente, como un globo, basta una pequeña abertura para que el gas pueda salir. (imagen7)

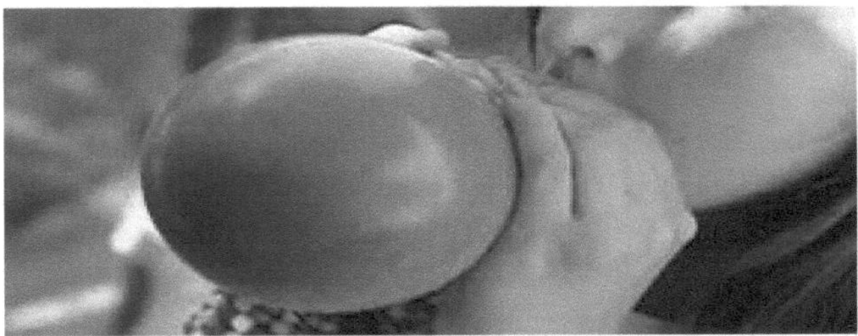

IMAGEN 7

1.4 Difusión

Es el proceso por el cual un gas se mezcla con otro debido únicamente al movimiento de sus moléculas.

Por ejemplo: un escape de gas desde un balón, este tiende a ocupar todo el espacio donde se encuentra mezclándose con el aire.(imagen8)

IMAGEN 8

1.5- Compresión

La compresión es la disminución del volumen de un gas porque sus moléculas se acercan entre sí, debido a la presión aplicada.

Por ejemplo: Se puede observar cuando presionas el émbolo de una jeringa mientras tienes tapada su salida. (imagen9)

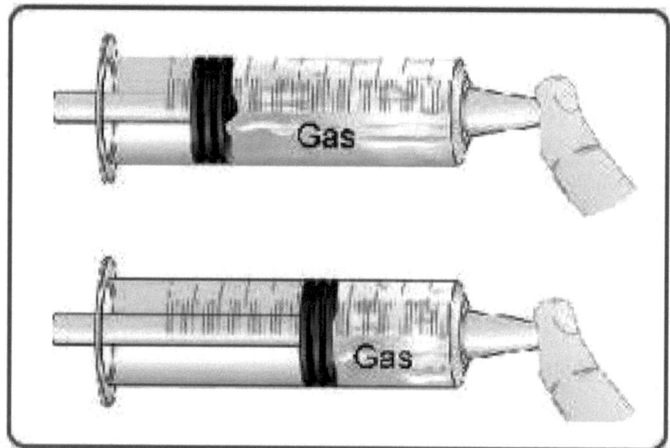

IMAGEN 9

1.6- Resistencia

Es la propiedad de los gases de oponerse al movimiento de los cuerpos por el aire. Esto se debe a una fuerza llamada **fuerza roce.** A mayor tamaño y velocidad del cuerpo mayor es la resistencia.

Por ejemplo: un paracaídas o al elevar un volantín, el roce con el aire impide que el volantín caiga al suelo.

Propiedades de los gases ideales. Se denomina gas el estado de agregación de la materia que bajo ciertas condiciones de temperatura y presión permanece en estado gaseoso.

Las moléculas que constituyen un gas casi no son atraídas unas por otras, por lo que se mueven en el vacío a gran velocidad y muy separadas unas de otras, explicando así las propiedades:

Las moléculas de un gas se encuentran prácticamente libres, de modo que son capaces de distribuirse por todo el espacio en el cual son contenidos. Las fuerzas gravitatorias y de atracción entre las moléculas son despreciables, en comparación con la velocidad a que se mueven las moléculas. Los gases ocupan completamente el volumen del recipiente que los contiene.

Un gas ideal es un gas teórico compuesto de un conjunto de partículas puntuales con desplazamiento aleatorio que no interactúan entre sí.

Los gases ideales cumplen las siguientes condiciones:

Ocupa el volumen del recipiente que lo contiene.

Está formado por moléculas.

Estas moléculas se mueven individualmente y al azar en todas direcciones.

La interacción entre las moléculas se reduce solo a su choque.

Los choques entre las moléculas son completamente elásticos (no hay pérdidas de energía).

Los choques son instantáneos (el tiempo durante el choque es cero).

Los gases reales, siempre que no estén sometidos a condiciones extremas de presión y temperatura, cumplirán muy aproximadamente las reglas establecidas para los gases ideales.

La ley de los gases ideales es la ecuación de estado del gas ideal:

$$P \cdot V = n \cdot R \cdot T$$

La relación que existe entre la presión, el volumen, la temperatura y la cantidad (en moles) de un gas ideal es esta ecuación de estado. Donde:

T: temperatura absoluta del gas

V: volumen del gas

n: números de moles

R: constante universal de los gases ideales

P: presión absoluta del gas.

4.14 EL AGUA Y EL VAPOR

"El agua es la substancia más común de la superficie de la Tierra, cubriendo más del 70%. También se encuentra presente como vapor en la atmósfera terrestre. Es esencial para la vida e influencia en gran medida al tiempo y al clima. Además, juega un papel esencial en las reacciones químicas."

El agua es utilizada para proporcionar energía hidroeléctrica y de vapor. En los ríos, lagos y océanos forma importantes avenidas de transporte.

Como la lluvia y el hielo, baja por las colinas y las montañas, ayudando a erosionar las rocas para que se conviertan en gravilla. Es muy importante ya que la bebemos, la utilizamos para cocinar, lavar, calentar, apagar fuegos, tratar enfermedades y para muchas otras cosas. (imagen10

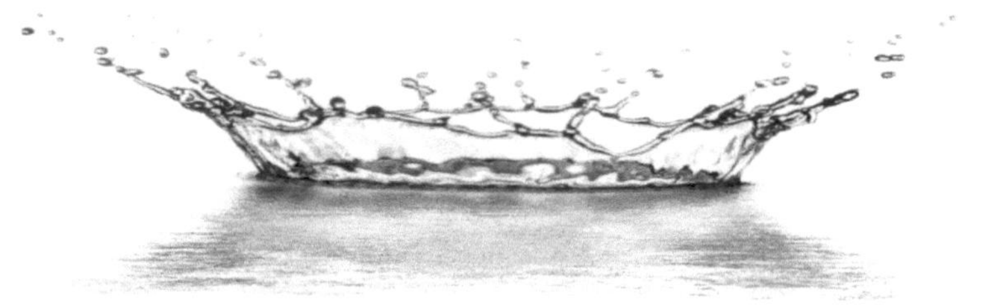

IMAGEN 10

La primera forma de vida del planeta tierra se originó en el agua

Los primeros seres vivos aparecieron en el agua. Durante muchos años no hubo vida fuera de ella; y aún hoy en día la vida en el agua es más abundante que en la tierra. Todos los seres vivos, incluso las plantas, están formados principalmente por agua. Por ejemplo, el cuerpo de un adulto está formado por un 65 a un 75% de agua. El agua le lleva la comida a las células del cuerpo y transporta los residuos fuera de él. También ayuda a mantener la temperatura del cuerpo. La pérdida de más de un 15 o 20% del agua del cuerpo puede tener como resultado la muerte.

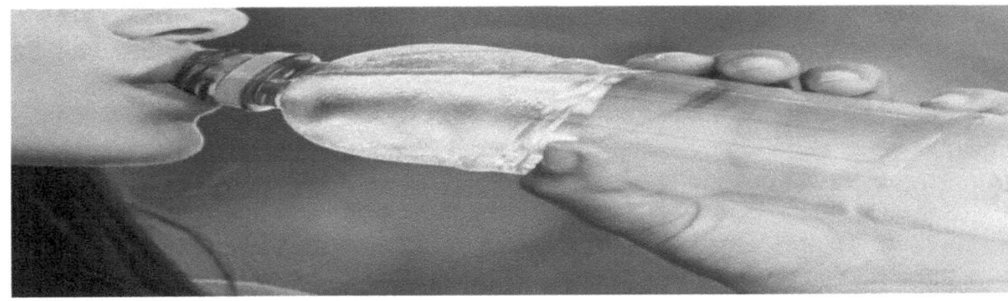

IMAGEN 11

Muchas aguas comercializadas se caracterizan por su suavidad y baja mineralización

El agua es un compuesto que se forma a partir de la unión, mediante enlaces covalentes, de dos átomos de hidrógeno y uno de oxígeno; su fórmula molecular es H2O y se trata de una molécula muy estable.

Agua normal

Una molécula de agua está formada de dos átomos de hidrógeno (H) y un átomo de oxígeno (O). Por lo tanto, la fórmula del agua es H2O. El agua se produce cuando el hidrógeno se quema ante la presencia del oxígeno. Se forma mediante la descomposición de la material vegetal y animal, y cuando la comida se combina con el oxígeno de los organismos vivos.

El agua se descompone en hidrógeno y oxígeno en ciertas reacciones químicas de altas temperaturas que implican metales, o cuando se electroliza mediante el paso de una corriente eléctrica.

Agua pesada

Algunas moléculas del agua contienen formas de hidrógeno que son más pesadas que el convencional. Estas formas más pesadas de moléculas de hidrógeno en agua – deuterio y tritio – son llamadas óxido deuterio y óxido tritio, respectivamente.

El agua pura es un líquido insípido e inodoro. Hierve a 100°C (212°F) y se congela a 0°C (32°F). El agua, como otros líquidos, no puede ser comprimido. Esta propiedad lo convierte en útil para las presas hidráulicas y otro tipo de dispositivos. Las moléculas de agua están formadas por dos hidrógenos y un oxígeno, de ahí la forma H2O.

La densidad del agua es más grande a una temperatura de 4°C (39.2°F). A esta temperatura, un galón de agua pesa aproximadamente 8,3 libras, un litro de agua, 1 kilogramo; un pie cúbico de agua, aproximadamente 62,4 libras; y un centímetro cúbico de agua, 1 gramo. La densidad máxima del agua es utilizada como un estándar de comparación para expresar la densidad de otros líquidos y sólidos.

A diferencia de otros líquidos, el agua se expande cuando se congela. Cuando el agua se convierte en hielo su volumen aumenta por un factor de 112. Debido a que un peso dado de hielo ocupa un espacio mayor que un peso igual de agua, el hielo tiende a flotar encima del estado líquido. Esta propiedad física del agua tiene importantes consecuencias. Si el agua en el cambio a sólido, el hielo fuese más pesado que el mismo volumen de agua, se hundiría. Entonces los fondos de los lagos y océanos estarían llenos de hielo, fuera del alcance de los rayos solares. Gradualmente la tierra se volvería más fría, se formaría más y más hielo y con el tiempo, habría poca, o igual ninguna, vida en la tierra.

Vapor (estado)

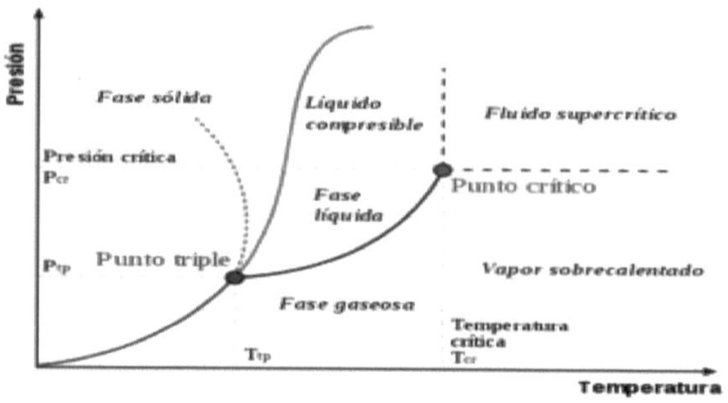

GRAFICO 4

El vapor es la zona por debajo de la línea vertical que representa la temperatura crítica.

El vapor es el en el que las interaccionan débilmente entre sí, sin formar adoptando la forma y el volumen del recipiente que las contiene y tendiendo a expandirse todo lo posible, es decir, que es la de una sustancia a diferencia de que ésta se encuentra por debajo de su .

Aunque utilizamos los términos gas y vapor de manera indistinta, rigurosamente existe una diferencia. Un gas es una sustancia que normalmente se encuentra en el estado gaseoso a temperaturas y presiones ordinarias; un vapor es la forma gaseosa de cualquier sustancia que constituye un líquido o un sólido a temperaturas y presiones normales, mientras que un gas perfecto requiere el proceso de , para pasar al estado líquido. Cuando se habla de temperaturas y presiones normales se refiere a 25 °C y 1 atm. Ejemplo: Hablamos de vapor de agua y oxígeno gaseoso.

En la gráfica, el vapor es la llamada fase gaseosa, encerrada, por la línea vertical que representa la temperatura crítica y las curvas azul () y roja , que representan las temperaturas y presiones específicas en las que coexisten los estado de la materia de líquido-gas y sólido-gas respectivamente y así convirtiéndose en vapor. Este diagrama de fases muestra los de la materia.

La curva con puntos de color verde muestra el comportamiento anómalo del y en general, el de todos los materiales que cuando se funden sufren una contracción de . La (en color verde) marca el para cada par (,). La , en azul, lo mismo para el , y la , en rojo, muestra la presión de sublimación para cada temperatura. Se muestra como ellos varían con la . El punto de unión entre las tres curvas verde, azul y rojo es el . El se ve en el otro extremo de la curva azul de .

El agua se evapora en moléculas invisibles, muchas veces acompañada de gotas de agua que vuelven a condensar.

El vapor sobrecalentado es el gas que se encuentra por encima de su temperatura crítica pero por debajo de su presión crítica.

ecuación de Clausius-Clapeyron. La fórmula utilizada para calcular la presión de vapor dando un cambio en la presión de vapor sobre el tiempo se conoce como la ecuación de Clausius-Clapeyron (nombrada así por los físicos Rudolf Clausius y Benoît Paul Émile Clapeyron).

Esta es la fórmula general que necesitarás para resolver la mayoría de los problemas de presión de vapor que encontrarás en las clases de física y química. La fórmula es la siguiente:

$ln(P1/P2) = (\Delta Hvap/R)((1/T2) - (1/T1))$. En esta fórmula las variables referidas significan:

$\Delta Hvap$: la entalpía de vaporización del líquido. Este valor se puede encontrar en una tabla al final de los libros de química.

R: el contenido real de gas, o 8,314 J/(K x Mol)

T1: la temperatura conocida de la presión de vapor (o la temperatura inicial)

T2: la temperatura en que se encontrará la presión de vapor (o la temperatura final).

P1 y P2: la presión de vapor a la temperatura T1 y T2, respectivamente

ley de Raoult. La ecuación de Clausius-Clapeyron es mayor cuando se quiere hallar la presión de vapor de una sustancia. Sin embargo, en la vida real es raro trabajar con un líquido puro, normalmente se trabaja con líquidos que son mezclas de sustancias con diferentes componentes.

Algunos de los componentes más comunes de estas mezclas se crean disolviendo pequeñas cantidades de un químico determinado llamado *soluto* en una mayor cantidad de otro químico llamado *solvente* para crear una solución.

En estos casos es común utilizar una ecuación llamada "ley de Raoult" (nombrada por el físico François-Marie Raoult).[5] Una versión simple de la ley de Raoult es la siguiente: $Psolución = Psolventesub > Xsolvente,$ donde las variables significan:

$Psolución$: la presión de vapor de la solución entera (de todos los componentes combinados)

$Psolvente$: la presión de vapor del solvente

$Xsolvente$: la fracción molar del solvente

No te preocupes si no conoces los términos como "fracción molar", te explicaremos qué significa en los siguientes pasos.

4.15 DIAGRAMA DE MOLLIER

El diagrama Mollier entalpía-entropía para el agua y el vapor. La "fracción de sequedad", x, da la fracción en masa de agua gaseosa en la región húmeda, siendo el resto gotas de líquido.

Diagrama Ph ó Presión/entalpía

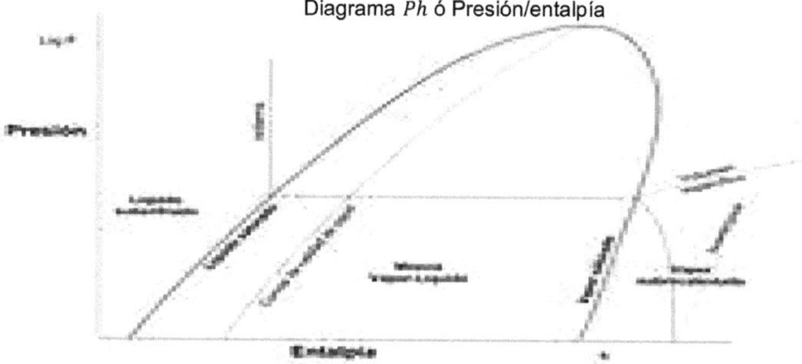

GRAFICO 5

ciclo de un fluido R134a en un refrigerador de compresión de vapor

GRAFICO 6

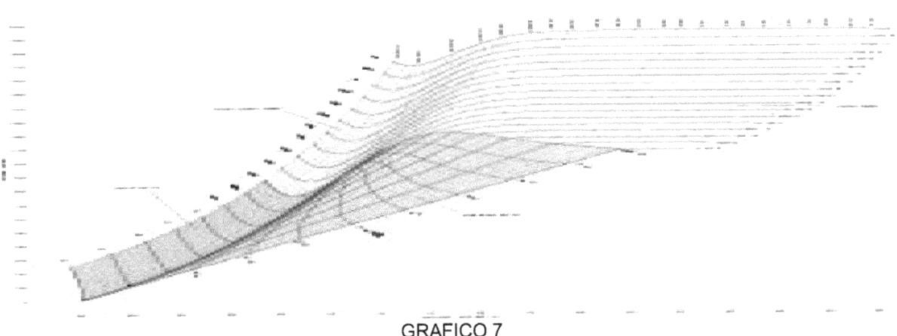

GRAFICO 7

Diagrama Mollier (Chart), IP Units

El diagrama Ph, o diagrama de Mollier para presión entalpía, es la representación gráfica en una carta semilogarítmica en el plano Presión/entalpía de los estados posibles de un compuesto químico —especialmente para los gases refrigerantes— y es en ella donde se trazan y suelen estudiar los distintos sistemas frigoríficos de refrigeración por compresión.

5.1. Termodinámica

La termodinámica es la rama de la física que describe los estados de equilibrio termodinámico a nivel macroscópico. El *Diccionario de la lengua española* de la Real Academia, por su parte, define la termodinámica como la rama de la física encargada del estudio de la interacción entre el calor y otras manifestaciones de la energía.

Constituye una teoría fenomenológica, a partir de razonamientos deductivos, que estudia sistemas reales, sin modelizar y sigue un método experimental. Los estados de equilibrio se estudian y definen por medio de *magnitudes extensivas* tales como la energía interna, la entropía, el volumen o la composición molar del sistema, o por medio de magnitudes no-extensivas derivadas de las anteriores como la temperatura, presión y el potencial químico; otras magnitudes, tales como la imanación, la fuerza electromotriz y las asociadas con la mecánica de los medios continuos en general también pueden tratarse por medio de la termodinámica.

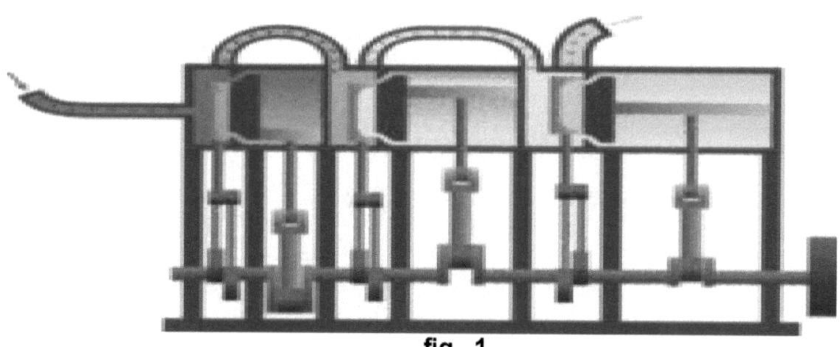

fig . 1

<u>Máquina térmica</u> típica donde puede observarse la entrada desde una fuente de calor (caldera) a la izquierda y la salida a un disipador de calor (condensador) a la derecha. El <u>trabajo</u> se extrae en este caso mediante una serie de pistones.

La termodinámica ofrece un aparato formal aplicable únicamente a <u>estados de equilibrio</u>, definidos como aquel estado hacia «el que todo sistema tiende a evolucionar y caracterizado porque en el mismo todas las propiedades del sistema quedan determinadas por factores intrínsecos y no por influencias externas previamente aplicadas».

Tales estados terminales de equilibrio son, por definición, independientes del tiempo, y todo el aparato formal de la termodinámica –todas las leyes y variables termodinámicas– se definen de tal modo que podría decirse que un sistema está en equilibrio si sus propiedades pueden describirse consistentemente empleando la teoría termodinámica. Los estados de equilibrio son necesariamente coherentes con los contornos del sistema y las restricciones a las que esté sometido. Por medio de los cambios producidos en estas restricciones (esto es, al retirar limitaciones tales como impedir la expansión del volumen del sistema, impedir el flujo de calor, etc.), el sistema tenderá a evolucionar de un estado de equilibrio a otro; comparando ambos estados de equilibrio, la termodinámica permite estudiar los procesos de intercambio de masa y energía térmica entre sistemas térmicos diferentes.

Como ciencia fenomenológica, la termodinámica no se ocupa de ofrecer una interpretación física de sus magnitudes. La primera de ellas, la energía interna, se acepta como una manifestación macroscópica de las leyes de conservación de la energía a nivel microscópico, que permite caracterizar el estado energético del sistema macroscópico.

El punto de partida para la mayor parte de las consideraciones termodinámicas son los que postulan que la energía puede ser intercambiada entre sistemas en forma de <u>calor</u> o <u>trabajo</u>, y que solo puede hacerse de una determinada manera.

También se introduce una magnitud llamada entropía, que se define como aquella función extensiva de la energía interna, el volumen y la composición molar que toma valores máximos en equilibrio: el principio de maximización de la entropía define el sentido en el que el sistema evoluciona de un estado de equilibrio a otro.

Es la mecánica estadística, íntimamente relacionada con la termodinámica, la que ofrece una interpretación física de ambas magnitudes: la energía interna se identifica con la suma de las energías individuales de los átomos y moléculas del sistema, y la entropía mide el grado de orden y el estado dinámico de los sistemas, y tiene una conexión muy fuerte con la teoría de información.

En la termodinámica se estudian y clasifican las interacciones entre diversos sistemas, lo que lleva a definir conceptos como sistema termodinámico y su contorno. Un sistema termodinámico se caracteriza por sus propiedades, relacionadas entre sí mediante las ecuaciones de estado. Estas se pueden combinar para expresar la energía interna y los potenciales termodinámicos, útiles para determinar las condiciones de equilibrio entre sistemas y los procesos espontáneos.

Con estas herramientas, la termodinámica describe cómo los sistemas reaccionan a los cambios en su entorno. Esto se puede aplicar a una amplia variedad de ramas de la ciencia y de la ingeniería, tales como motores, cambios de fase, reacciones químicas, fenómenos de transporte, e incluso agujeros negros.

5.1.2 Principios de la termodinámica

5.1.3 Principio cero de la termodinámica

Este principio o ley cero, establece que existe una determinada propiedad denominada temperatura empírica θ, que es común para todos los estados de equilibrio termodinámico que se encuentren en equilibrio mutuo con uno dado.
En palabras simples: «Si se pone un objeto con cierta temperatura en contacto con otro a una temperatura distinta, ambos intercambian calor hasta que sus temperaturas se igualan».

Tiene una gran importancia experimental «pues permite construir instrumentos que midan la temperatura de un sistema» pero no resulta tan importante en el marco teórico de la termodinámica.

El equilibrio termodinámico de un sistema se define como la condición del mismo en el cual las variables empíricas usadas para definir o dar a conocer un estado del sistema (presión, volumen, campo eléctrico, polarización, magnetización, tensión lineal, tensión superficial, coordenadas en el plano x, y) no son dependientes del tiempo.
El tiempo es un parámetro cinético, asociado a nivel microscópico; el cual a su vez está dentro del físico química y no es parámetro debido a que a la termodinámica solo le interesa trabajar con un tiempo inicial y otro final. A dichas variables

empíricas (experimentales) de un sistema se las conoce como <u>coordenadas térmicas y dinámicas</u> del sistema.

Este principio fundamental, aun siendo ampliamente aceptado, no fue formulado formalmente hasta después de haberse enunciado las otras tres leyes. De ahí que recibiese el nombre de principio cero.

Resumidamente: Si dos sistemas están por separado en equilibrio con un tercero, entonces también deben estar en equilibrio entre ellos.
Si tres o más sistemas están en contacto térmico y todos juntos en equilibrio, entonces cualquier par está en equilibrio por separado.

5.1.4 Primer principio de la termodinámica

También conocida como <u>principio</u> de <u>conservación de la energía</u> para la termodinámica, establece que si se realiza trabajo sobre un sistema o bien este intercambia calor con otro, la <u>energía interna</u> del sistema cambiará.
Visto de otra forma, esta ley permite definir el calor como la energía necesaria que debe intercambiar el sistema para compensar las diferencias entre <u>trabajo</u> y energía interna. Fue propuesta por <u>NicolasLéonardSadi Carnot</u> en <u>1824</u>, en su obra *Reflexiones sobre la potencia motriz del fuego y sobre las máquinas adecuadas para desarrollar esta potencia*, en la que expuso los dos primeros principios de la termodinámica. Esta obra fue incomprendida por los científicos de su época, y más tarde fue utilizada por <u>Rudolf Clausius</u> y <u>Lord Kelvin</u> para formular, de una manera matemática, las bases de la termodinámica.
La ecuación general de la conservación de la energía es la siguiente:

Que aplicada a la termodinámica teniendo en cuenta el <u>criterio de signos termodinámico</u>, queda de la forma:

Donde U es la energía interna del sistema (aislado), Q es la cantidad de calor aportado al sistema y W es el trabajo realizado por el sistema.

Esta última expresión es igual de frecuente encontrarla en la forma   . Ambas expresiones, aparentemente contradictorias, son correctas y su diferencia está en que se aplique el convenio de signos IUPAC o el Tradicional (véase <u>criterio de signos termodinámico</u>).
En palabras simples: "La energía total del Universo se mantiene constante. No se crea ni se destruye, sólo se transforma".

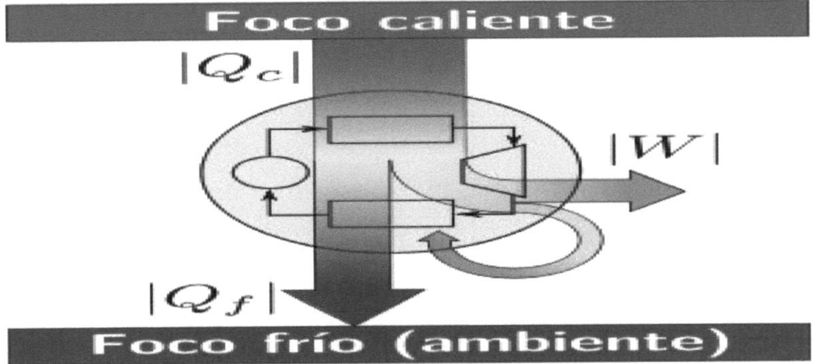

fig 2. Ilustración de la segunda ley mediante una máquina térmica

5.1.5 Segundo principio de la termodinámica

Este principio marca la dirección en la que deben llevarse a cabo los procesos termodinámicos y, por lo tanto, la imposibilidad de que ocurran en el sentido contrario (por ejemplo, una mancha de tinta dispersada en el agua no puede volver a concentrarse en un pequeño volumen). El sentido de evolución de los procesos reales es único ya que son irreversibles. Este hecho viene caracterizado por el aumento de una magnitud física, **S**, la entropía del sistema termodinámico, con el llamado principio de aumento de entropía, que es una forma de enunciar el segundo principio de la termodinámica.

También establece, en algunos casos, la imposibilidad de convertir completamente toda la energía de un tipo a otro sin pérdidas. De esta forma, el segundo principio impone restricciones para las transferencias de energía que hipotéticamente pudieran llevarse a cabo teniendo en cuenta solo el primer principio.

Esta ley apoya todo su contenido aceptando la existencia de una magnitud física llamada entropía, de tal manera que, para un sistema aislado (que no intercambia materia ni energía con su entorno), la variación de la entropía siempre debe ser mayor que cero.

Debido a esta ley también se tiene que el flujo espontáneo de calor siempre es unidireccional, desde los cuerpos de mayor temperatura hacia los de menor temperatura, hasta lograr un equilibrio térmico.

La aplicación más conocida es la de las máquinas térmicas, que obtienen trabajo mecánico mediante aporte de calor de una fuente o foco caliente, para ceder parte de este calor a la fuente o foco o sumidero frío. La diferencia entre los dos calores tiene su equivalente en el trabajo mecánico obtenido.
Existen numerosos enunciados equivalentes para definir este principio, destacándose el de Clausius y el de Kelvin.

Enunciado de Clausius

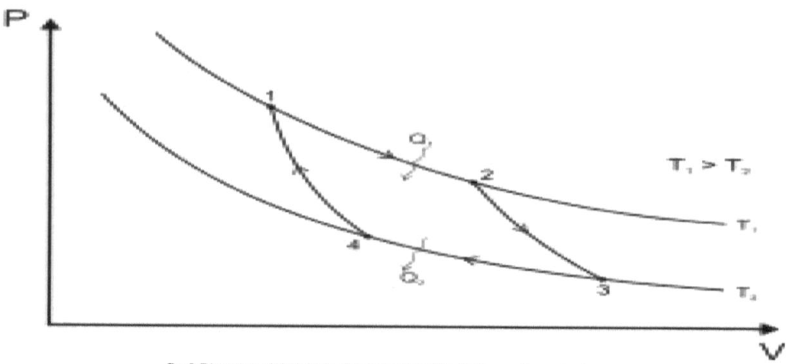

fig 3. Diagrama del ciclo de Carnot en función de la presión y el volumen.

Enunciado de Kelvin—Planck

Es imposible construir una máquina térmica que, operando en un ciclo, no produzca otro efecto que la absorción de energía desde un depósito, con la realización de una cantidad igual de trabajo.

Sería correcto decir que "Es imposible construir una máquina que, operando cíclicamente, produzca como único efecto la extracción de calor de un foco y la realización equivalente de trabajo". Varía con el primero, dado que, en él, se puede deducir que la máquina transforma todo el trabajo en calor, y, que el resto, para otras funciones... Este enunciado afirma la imposibilidad de construir una máquina que convierta todo el calor en trabajo.

Siempre es necesario intercambiar calor con un segundo foco (el foco frío), de forma que parte del calor absorbido se expulsa como calor de desecho al ambiente. Ese calor desechado no puede reutilizarse para aumentar el calor (inicial) producido por el sistema (en este caso la máquina), es a lo que llamamos entropía.

Otra interpretación

Es imposible construir una máquina térmica cíclica que transforme calor en trabajo sin aumentar la energía termodinámica del ambiente. Debido a esto podemos concluir, que el rendimiento energético de una máquina térmica cíclica que convierte calor en trabajo, siempre será menor a la unidad, y esta estará más próxima a la unidad, cuanto mayor sea el rendimiento energético de la misma. Es decir, cuanto mayor sea el rendimiento energético de una máquina térmica, menor será el impacto en el ambiente, y viceversa.

5.1.6 Tercer principio de la termodinámica

Algunas fuentes se refieren incorrectamente al postulado de Nernst como "La tercera de las leyes de la termodinámica". Es importante reconocer que no es una noción exigida por la termodinámica clásica por lo que resulta inapropiado tratarlo de «ley», siendo incluso inconsistente con la mecánica estadística clásica y necesitando el establecimiento previo de la estadística cuántica para ser valorado adecuadamente. La mayor parte de la termodinámica no requiere la utilización de este postulado.

El postulado de Nernst, llamado así por ser propuesto por <u>WaltherNernst</u>, afirma que es imposible alcanzar una temperatura igual al <u>cero absoluto</u> mediante un número finito de procesos físicos. Puede formularse también como que a medida que un sistema dado se aproxima al cero absoluto, su entropía tiende a un valor constante específico. La entropía de los sólidos cristalinos puros puede considerarse cero bajo temperaturas iguales al cero absoluto.
El 14 de marzo de 2017, se publicó en la revista <u>Nature</u> la demostración matemática a cargo de los físicos Lluís Masanes y Jonathan Oppenheim, del Departamento de Física y Astronomía del <u>UniversityCollege</u> de Londres.

Es importante remarcar que los principios de la termodinámica son válidos siempre para los sistemas macroscópicos, pero inaplicables a nivel microscópico. La idea del <u>demonio de Maxwell</u> ayuda a comprender los límites de la segunda ley de la termodinámica jugando con las propiedades microscópicas de las partículas que componen un gas.

Sistema

Se puede definir un <u>sistema</u> como un conjunto de materia, que está limitado por unas paredes, reales o imaginarias, impuestas por el observador. Si en el sistema no entra ni sale materia, se dice que se trata de un <u>sistema cerrado</u> o <u>sistema aislado</u> si no hay intercambio de materia y energía, dependiendo del caso.

En la naturaleza, encontrar un sistema estrictamente aislado es, por lo que se sabe, imposible, pero sí pueden hacerse aproximaciones. Un sistema del que sale y/o entra materia recibe el nombre de <u>abierto</u>. Algunos ejemplos:

- **Un sistema abierto** se da cuando existe un intercambio de masa y de energía con los alrededores; es, por ejemplo, un coche. Le echamos combustible y él desprende diferentes gases y calor.

- **Un sistema cerrado** se da cuando no existe un intercambio de masa con el medio circundante, solo se puede dar un intercambio de energía; un reloj de cuerda, no introducimos ni sacamos materia de él. Solo precisa un aporte de energía que emplea para medir el tiempo.

- **Un sistema aislado** se da cuando no existe el intercambio ni de masa y energía con los alrededores; *¿Cómo encontrarlo si no es posible interactuar con él?* Sin embargo, un <u>termo</u> lleno de comida caliente es una aproximación, ya que el envase no permite el intercambio de materia e intenta impedir que la energía (*calor*) salga de él. El universo es un sistema aislado, ya que la variación de energía es cero.

Medio externo

Se llama <u>medio externo</u> o <u>ambiente</u> a todo aquello que no está en el sistema pero que puede influir en él. Por ejemplo, considérese una taza con agua, que está siendo calentada por un mechero: en un sistema formado por la taza y el agua, el medio está formado por el mechero, el aire, etcétera.

Equilibrio térmico

Toda sustancia por encima de los 0 kelvin (-273,15 °C) emite calor. Si dos sustancias en contacto se encuentran a diferente temperatura, una de ellas emitirá más calor y calentará a la más fría. El equilibrio térmico se alcanza cuando ambas emiten, y reciben *la misma cantidad de calor*, lo que iguala su temperatura.

- Nota: estrictamente sería la misma cantidad de calor por gramo, ya que una mayor cantidad de sustancia emite más calor a la misma temperatura.

Variables termodinámicas

Las variables que tienen relación con el estado interno de un sistema se llaman <u>variables termodinámicas</u> o <u>coordenadas termodinámicas</u>, y entre ellas las más importantes en el estudio de la termodinámica son:
- la <u>masa</u>
- el <u>volumen</u>
- la <u>densidad</u>
- la <u>presión</u>
- la <u>temperatura</u>

En termodinámica, es muy importante estudiar sus propiedades, las cuales pueden clasificarse en dos tipos:

- propiedades intensivas: son aquellas que no dependen de la cantidad de sustancia o del tamaño de un sistema, por lo que su valor permanece inalterado al subdividir el sistema inicial en varios subsistemas, por este motivo no son propiedades aditivas.

- propiedades extensivas: son las que dependen de la cantidad de sustancia del sistema, y son recíprocamente equivalentes a las intensivas. Una propiedad extensiva depende por tanto del «tamaño» del sistema. Una propiedad extensiva tiene la propiedad de ser aditiva en el sentido de que, si se divide el sistema en dos o más partes, el valor de la magnitud extensiva para el sistema completo es la suma de los valores de dicha magnitud para cada una de las partes.

Algunos ejemplos de propiedades extensivas son la masa, el volumen, el peso, cantidad de sustancia, energía, entropía, entalpía, etcétera. En general, el cociente entre dos magnitudes extensivas nos da una magnitud intensiva; por ejemplo, la división entre masa y volumen genera la densidad.

Estado de un sistema

Un sistema que puede describirse en función de coordenadas termodinámicas se llama sistema termodinámico y la situación en la que se encuentra definido por dichas coordenadas se llama estado del sistema.

Equilibrio térmico

Un estado en el cual dos coordenadas termodinámicas independientes X e Y permanecen constantes mientras no se modifican las condiciones externas se dice que se encuentra en equilibrio térmico. Si dos sistemas se encuentran en equilibrio térmico se dice que tienen la misma temperatura. Entonces se puede definir la temperatura como una propiedad que permite determinar si un sistema se encuentra o no en equilibrio térmico con otro sistema.

El equilibrio térmico se presenta cuando dos cuerpos con temperaturas diferentes se ponen en contacto, y el que tiene mayor temperatura cede energía térmica en forma de calor al que tiene más baja, hasta que ambos alcanzan la misma temperatura.

5.2 Procesos termodinámicos

En física, se denomina proceso termodinámico a la evolución de determinadas magnitudes (o propiedades) propiamente termodinámicas relativas a un determinado sistema físico. Desde el punto de vista de la termodinámica, estas transformaciones deben transcurrir desde un estado de equilibrio inicial a otro final; es decir, que las magnitudes que sufren una variación al pasar de un estado a otro deben estar perfectamente definidas en dichos estados inicial y final. De esta forma los procesos termodinámicos pueden ser interpretados como el resultado de la interacción de un sistema con otro tras ser eliminada alguna ligadura entre ellos, de forma que finalmente los sistemas se encuentren en equilibrio (mecánico, térmico y/o material) entre sí.

De una manera menos abstracta, un proceso termodinámico puede ser visto como los cambios de un sistema, desde unas condiciones iniciales hasta otras condiciones finales, debidos a la desestabilización del sistema.

5.3 Proceso isobárico

Es un proceso que se realiza a presión constante. En un proceso isobárico, se realiza tanto transferencia de calor como trabajo. El valor del trabajo es simplemente $P\ (Vf\ -\ Vi)$, y la primera ley de la termodinámica se escribe:

$$\Delta U = Q - P(Vf - Vi)$$

Un proceso isobárico es un proceso termodinámico que ocurre a presión constante. En el calor transferido a presión constante está relacionado con el resto de variables mediante:

\triangle Q = \triangle U+ P \triangle V,

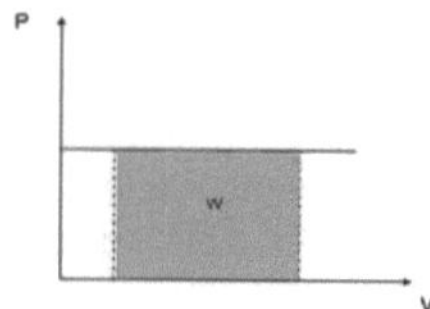

Donde:
Q\! = Calor transferido.
U\! = Energía Interna.
P\! = Presión.
V\! = Volume.

En un diagrama P-V, un proceso isobárico aparece como una línea horizontal.

Proceso isobárico de un gas

Una expansión isobárica es un proceso en el cual un gas se expande (o contrae) mientras que la presión del mismo no varía, es decir si en un estado 1 del proceso la presión es P1 y en el estado 2 del mismo proceso la presión es P2, entonces P1 = P2. La primera ley de la termodinámica nos indica que:
$$dQ\ =\ dU\ +\ dW$$

fig 4. Ejemplo de procesos isobárico en la vida cotidiana

5.4 Proceso isovolumétrico.

Un proceso que se realiza a volumen constante se llama isovolumétrico. En estos procesos evidentemente el trabajo es cero y la primera ley de la termodinámica se escribe: $\Delta U = Q$

Esto significa que si se agrega (quita) calor a un sistema manteniendo el volumenconstante, todo el calor se usa para aumentar (disminuir) la energía internadel sistema.

Un proceso isocórico, también llamado proceso isométrico o isovolumétrico es un proceso termodinámico en el cual el volumen permanece constante; $\Delta V = 0$. Esto implica que el proceso no realiza trabajo presión-volumen, ya que éste se define como:

$$\Delta W = P\Delta V,$$
donde P es la presión (el trabajo es positivo, ya que es ejercido por el sistema).

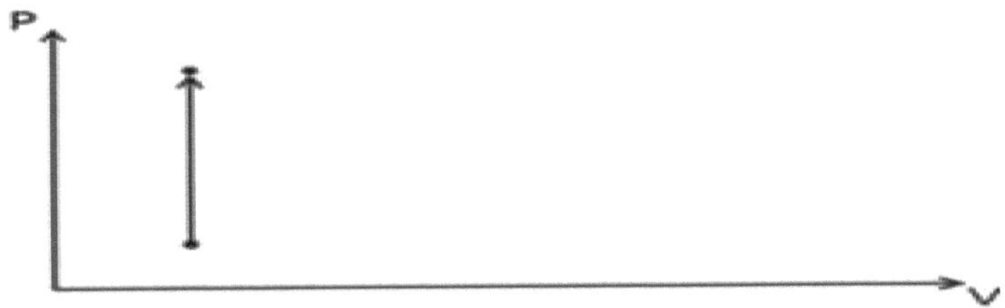

Fig 5 .Es un diagrama P-V, un proceso isocórico aparece como una línea vertical.

En un recipiente de paredes gruesas que contiene un gas determinado, al que se le suministra calor, observamos que la temperatura y presión interna se elevan, pero el volumen se mantiene igual.

En un proceso que se efectúa a volumen constante sin que haya ningún desplazamiento, el trabajo hecho por el sistema es cero.

Es decir, en un proceso isocórico no hay trabajo realizando por el Sistema y no se adiciona calor al sistema que ocasione un incremento de su energía interna.

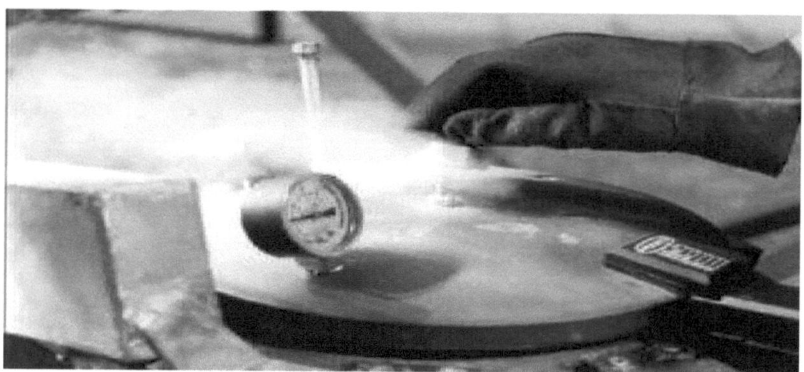

Fig 6. Ejemplo de procesos isovolumétricos en la vida cotidiana

5.5 Proceso adiabático.

En termodinámica se designa como **proceso adiabático** a aquél en el cual el sistema (generalmente, un fluido que realiza un trabajo) no intercambia calor con su entorno.

Durante un proceso adiabático para un gas perfecto, la transferencia de calor hacia el sistema o proveniente de él es cero. El cambio de presión con respecto al volumen   obedece   la   ley
Es cuando un sistema no gana ni pierde calor, es decir, $Q = 0$.

Este proceso puede realizarse rodeando el sistema de material aislante o efectuándolo muy rápidamente, para que no haya intercambio de calor con el exterior.

En   consecuencia,
El trabajo realizado sobre el sistema (-W es positivo) se convierte en energía interna, o, inversamente, si el sistema realiza trabajo (-W es negativo), la energía interna disminuye.

En general, un aumento de energía interna se acompaña de uno de temperatura, y una disminución de energía interna se asocia de una de temperatura.

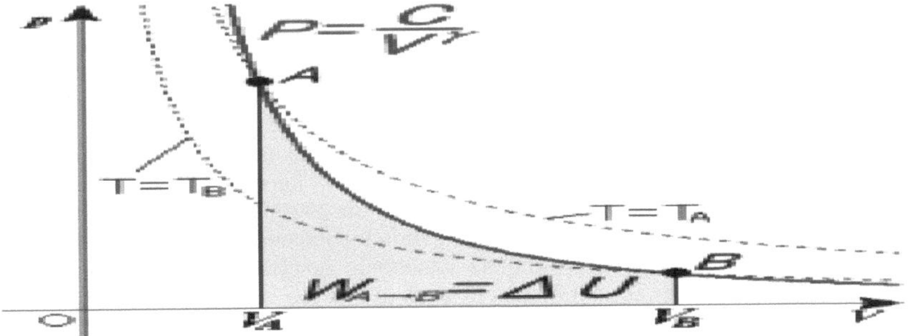

Fig 7. Procesos adiabaticos

Los procesos adiabáticos son comunes en la atmósfera: cada vez que el aire se eleva, llega a capas de menor presión, como resultado se expande y se enfría adiabáticamente. Inversamente, si el aire desciende llega a niveles de mayor presión, se comprime y se calienta.

La variación de temperatura en los movimientos verticales de aire no saturado se llama gradiente adiabático seco, y las mediciones indican que su valor es aproximadamente -9.8° C/km. Si el aire se eleva lo suficiente, se enfría hasta alcanzar el punto de rocío, y se produce la condensación.

En este proceso, el calor que fue absorbido como calor sensible durante la evaporación se libera como calor latente, y aunque la masa de aire continua enfriándose, lo hace en una proporción menor, porque la entrega de calor latente al ambiente produce aumento de temperatura.

En otras palabras, la masa de aire puede ascender con un gradiente adiabático seco hasta una altura llamada nivel de condensación, que es la altura donde comienza la condensación y eventualmente la formación de nubes y de precipitación. Sobre ese nivel la tasa de enfriamiento con la altura se reduce por la liberación de calor latente y ahora se llama gradiente adiabático húmedo, su valor varía desde -5° C/km a -9° C/km de disminución con la altura, dependiendo de si el aire tiene un alto o bajo contenido de humedad.

Como por ejemplo cuando abrimos una botella de champán aparece una especie de humillo desde el cuello de la botella. El champán tiene disuelto dióxido de carbono producido de forma natural. Cuando abrimos la botella disminuye la presión y el gas se expande adiabáticamente, de nuevo disminuyendo su temperatura y causando que el aire que se encuentra ahí disminuya su temperatura, alcanzando su punto de rocío y produciendo microscópicas gotas que dan ese aspecto de "humo" al vapor que emerge de la botella. Esta caída de temperatura es de unos 100 grados Celsius.
Otro de los ejemplos es el estampido sónico producido cuando un avión sobrepasa la barrera del sonido, es decir, cuando se mueve más deprisa de la velocidad del

sonido en ese medio. En esa situación el ruido que produce no es capaz de seguir al avión, los frentes de onda que van siendo generados se solapan produciendo un sonido similar al de una explosión. En esta situación se libera una enorme cantidad de energía.

A medida que el avión va avanzando, los frentes de onda desplazan el aire haciendo que disminuya la presión por lo que el frente de onda generado inmediatamente después "ve" una presión menor por delante. Esto llevado al límite en el estampido sónico hace que la presión varíe bruscamente en un instante. Este proceso de variación de la presión es totalmente adiabático. Se conoce como efecto Prandtl-Glauert. El motivo por el cual el aire se condensa es lo que se conoce como singularidad de Prandtl-Glauert y su causa es controvertida porque se trata de una singularidad matemática en los modelos aerodinámicos.

Fig 8. Ejemplos de procesos adiabáticos en la vida cotidiana

5.6 Proceso isotérmico.

Un proceso isotérmico es aquel que se realiza a temperatura constante. La gráfica de P versus V para un gas ideal, manteniendo la temperatura constante es una curva hiperbólica llamada isoterma. Como la energíainterna
De un gas ideal es solo función de la temperatura, entonces en un proceso isotérmico

Para un gas ideal $\Delta U = 0\, y\, Q = W$.

Se denomina proceso isotérmico o proceso isotermo al cambio de temperatura reversible en un sistema termodinámico, siendo dicho cambio de temperatura constante en todo el sistema. La compresión o expansión de un gas ideal en contacto permanente con un termostato es un ejemplo de proceso isotermo, y puede llevarse a cabo colocando el gas en contacto térmico con otro sistema de capacidad calorífica muy grande y a la misma temperatura que el gas; este otro sistema se conoce como foco caliente.

De esta manera, el calor se transfiere muy lentamente, permitiendo que el gas se expanda realizando trabajo. Como la energía interna de un gas ideal sólo depende de la temperatura y ésta permanece constante en la expansión isoterma, el calor tomado del foco es igual al trabajo realizado por el gas: Q = W.

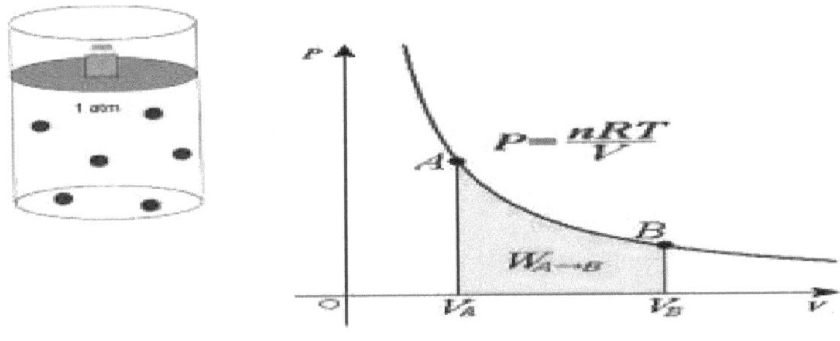

Fig 9 .Una curva isoterma

Proceso politrópico

Se denomina **proceso politrópico** al proceso termodinámico, generalmente ocurrido en gases, en el que existe, tanto una transferencia de energía al interior del sistema que contiene el o los gases como una transferencia de energía con el medio exterior (proceso isotérmico).

El proceso politrópico obedece a la relación:

$$pVn = C$$

Donde *p* es la presión, *V* es un volumen específico, *n*, el índice politrópico, que puede ser cualquier número real, y C es una constante. La ecuación de un proceso politrópico es particularmente útil para describir los procesos de expansión y compresión que incluyen transferencia de calor. Esta ecuación puede caracterizar un amplio rango de procesos termodinámicos desde n=0 a n=∞ lo cual incluye: n=0 (proceso isobárico), $n = 1$ (proceso isotérmico), $n = \gamma$ (proceso isentrópico), $n = \infty$ (proceso isocórico) y todos los valores intermedios de *n*. Así la ecuación es politrópica en el sentido de que describe varias líneas o procesos. Además de la representación del comportamiento de gases, la ecuación puede ser utilizada para representar ciertos comportamientos de líquidos o sólidos. La única restricción es que el proceso debe desplegar una tasa de transferencia de energía de $K = \delta Q / \delta W = constante\ durante\ tal\ proceso.$

Si se desvía de tal restricción, esto sugiere que el exponente no es una constante. Para un exponente específico, otros puntos a lo largo de la curva pueden ser calculados de la siguiente manera:

$$P1V1\,n \;=\; P2\,V2\,n \;=\; \cdots \;=\; C$$

Derivación

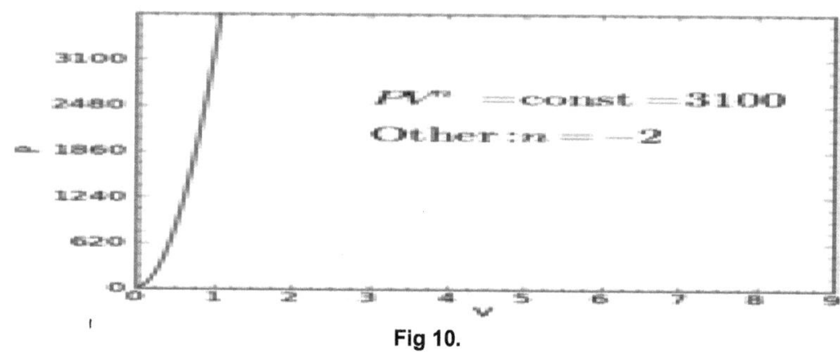

Fig 10.

La siguiente derivación es tomada del texto de Joseph Christians.[2] Considérese un gas en un sistema cerrado bajo un proceso interno reversible con cambios insignificantes de energía cinética y potencial. El primer principio de la termodinámica establece que:

$$\delta q - \delta w = dv$$

Donde q es positiva por el calor añadido al sistema y w es negativa por el trabajo realizado dentro del mismo.

Al definir el índice de transferencia de energía se tiene:

$$K = \delta q/\delta w$$

Para un proceso interno reversible el único tipo de interacción de trabajo es el desplazamiento de trabajo de expansión dado por Pdv. Así también se asume que el gas es calóricamente perfecto (calor específico constante) de modo que $du = cvdT$. La primera ley también puede ser escrita:

$$(K-1)Pdv = cvdT$$

Considérese la ecuación de estado del gas ideal con el bien conocido factor de compresibilidad $Z: Pv = ZRT$. Asumiendo que la constante del gas es también fija (por ejemplo, hay reacciones químicas). La ecuación de estado $PV = ZRT$ puede ser diferenciada para dar: $Pdv + vdP = ZRdT$

Basado en la relación específica de calor que surge de la definición de entalpía, el término ZR puede ser reemplazado por $cp - cv$. Con estas anotaciones la primera ley de la termodinámica se convierte en: $-vdP/Pdv = (1 - \gamma)K + \gamma$

Donde γ es el índice de calor específico. Esta ecuación es importante para el entendimiento de la base de la ecuación de los procesos politrópicos. Ahora considérese la ecuación de proceso politrópico:

$$pVn = C$$

Tomando el logaritmo natural de ambos lados de la ecuación (entendiendo que el exponente n es una constante para un proceso politrópico) se tiene:

$$ln\, P + n\, ln\, v = C$$

La cual puede ser diferenciada y reordenada de la siguiente forma:

$$n = -vdP/Pdv$$

Al comparar este resultado del resultado obtenido por la primera ley, se concluye que el exponente politrópico es constante (y por lo tanto el proceso es politrópico) cuando el índice de transferencia de energía es constante para el proceso. De hecho el exponente politrópico puede ser expresado en términos del índice de transferencia de energía:

$$n = (1 - \gamma)K + \gamma$$

Donde K es negativa para un gas ideal.

Esta derivación puede ser ampliada para incluir procesos politrópicos en sistemas abiertos incluyendo momentos en los que la energía cinética es significativa. También se puede ampliar para incluir procesos politropicos irreversibles.

5.7 Proceso isentrópico

Se denomina proceso isentrópico a aquel proceso en el cual la entropía del sistema permanece incambiada. La palabra isoentrópico se forma de la combinación del prefijo "iso" que significa "igual" y la palabra entropía.

Si un proceso es completamente reversible, sin necesidad de aportarte energía en forma de calor, entonces el proceso es isentrópico.

$$dU = dW + dQ$$

En los procesos isentrópicos o reversibles, no existe intercambio de calor del sistema con el ambiente, entonces se dice que el proceso es también adiabático.

Para lograr que un proceso reversible sea isoentrópico, se aísla térmicamente el sistema, para impedir el intercambio de calor con el medio ambiente.

Muchos sistemas de ingeniería, como bombas, turbinas y difusores son esencialmente adiabáticos (no intercambian calor con el medio), y funcionan mejor cuando las irreversibilidades como la pérdida de energía por fricción, son minimizadas. De esta manera, los procesos isentrópicos son útiles como modelo de procesos reales, y también se puede

Si suponemos un gas ideal, podemos decir que un flujo de este gas, que sea adiabático y reversible, es un flujo isentrópico.

Si tenemos a dicho gas en un sistema cerrado, podemos decir que el cambio de energía es igual a la suma del trabajo más el calor aportado:

En un proceso isentrópico, la variación de calor **dQ** es igual a cero, entonces tenemos que el cambio de energía **dU** es igual al trabajo realizado sobre el sistema (**dW**).

Como estamos considerando un gas ideal como sistema, sobre el cual se ejerce una fuerza de compresión o descompresión, el trabajo realizado sobre el gas está relacionado con la variación de su volumen como describe la siguiente fórmula:

$$dW = -pdV$$

Donde p es la presión y **dV** la variación de volumen del gas.

Como dijimos más arriba, en el proceso isentrópico el trabajo es igual al cambio de energía del sistema y depende de la presión y el volumen del gas, entonces el cambio de energía también dependerá de la presión y el volumen:

$$dW = -pdV$$

La descompresión rápida de un gas, en un compresor aislado térmicamente, es un proceso casi isentrópico. Esto se puede demostrar experimentalmente, si se cuenta con compresor y un contenedor de gas comprimido aislado térmicamente, con indicadores de temperatura y de presión, que además cuente con una válvula de liberación rápida del gas. Lo que se debe hacer es tomar los datos de presión y temperatura y graficarlos. Luego comparar los resultados con lo que sucedería en un proceso isentrópico. Los resultados serán similares.

Fig 11.

5.8 Variación de los coeficientes politrópico y adiabático.

El coeficiente politrópico es el parámetro termodinámico que define y explica las pérdidas de calor durante las transformaciones de compresión y expansión en el ciclo de trabajo de los motores de combustión interna. Puede calcularse a partir de los diagramas indicados obtenidos en forma experimental sobre prototipos ya construidos. Su conocimiento se transforma en una herramienta fundamental para el proyectista de motores, ya que se vincula con el trabajo y la potencia que se puede obtener de la máquina. El presente trabajo muestra un sencillo procedimiento experimental que permite obtener una familia de curvas, a distintos regímenes de rotación del motor y a plena carga, que representan las variaciones del coeficiente politrópico a lo largo de la carrera de compresión, utilizando fluido real de trabajo. La obtención del diagrama abierto se realiza en un motor de encendido a chispa, sin fase de combustión, y priorizando la sustitución del costoso equipamiento específico por sensores de bajo costo y uso habitual en el ámbito industrial.

Se denomina **proceso politrópico** al proceso termodinámico, generalmente ocurrido en gases, en el que existe, tanto una transferencia de energía al interior del sistema que contiene el o los gases como una transferencia de energía con el medio exterior.

$$pVn = C$$

Donde p es la presión, V es un volumen específico, n, el índice politrópico, que puede ser cualquier número real, y C es una constante. La ecuación de un proceso politrópico es particularmente útil para describir los procesos de expansión y compresión que incluyen transferencia de calor. Así la ecuación es politrópica en el sentido de que describe varias líneas o procesos. Además de la representación del comportamiento de gases, la ecuación puede ser utilizada para representar ciertos comportamientos de líquidos o sólidos. La única restricción es que el proceso debe desplegar una tasa de transferencia de energía de $K = \delta Q/\delta W = constante\ durante\ tal\ proceso$. Si se desvía de tal restricción, esto sugiere que el exponente no es una constante. Para un exponente específico, otros puntos a lo largo de la curva pueden ser calculados de la siguiente manera:

$$P_1 V_1{}^n = P_2 V_2{}^n = \ldots = C$$

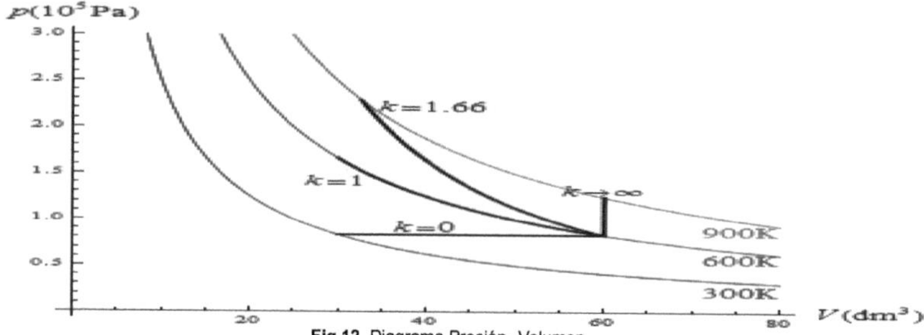

Fig 12. Diagrama Presión- Volumen.

Proceso Adiabático

En termodinámica se designa como **proceso adiabático** a aquel en el cual el sistema termodinámico (generalmente, un fluido que realiza un trabajo) no intercambia calor con su entorno. Un proceso adiabático que es además reversible se conoce como proceso isentrópico.

El extremo opuesto, en el que tiene lugar la máxima transferencia de calor, causando que la temperatura permanezca constante, se denomina proceso isotérmico.

El término *adiabático* hace referencia a volúmenes que impiden la transferencia de calor con el entorno. Una pared aislada se aproxima bastante a un límite adiabático. Otro ejemplo es la temperatura adiabática de llama, que es la temperatura que podría alcanzar una llama si no hubiera pérdida de calor hacia el entorno. En climatización los procesos de humectación (aporte de vapor de agua) son adiabáticos, puesto que no hay transferencia de calor, a pesar que se consiga variar la temperatura del aire y su humedad relativa.

El calentamiento y enfriamiento adiabático son procesos que comúnmente ocurren debido al cambio en la presión de un gas, que conlleva variaciones en volumen y temperatura. Los nuevos valores de las variables de estado pueden ser cuantificados usando la ley de los gases ideales.

Transformación adiabática

En una transformación adiabática no se produce intercambio de calor del gas con el exterior (**Q = 0**). Se define el **coeficiente adiabático** de un gas (γ) a partir de las capacidades caloríficas molares tomando distintos valores según el gas sea monoatómico o diatómico: $\gamma = Cp/Cv$ monoatòmico **γ = 5/3** diatòmico **γ= 7/**

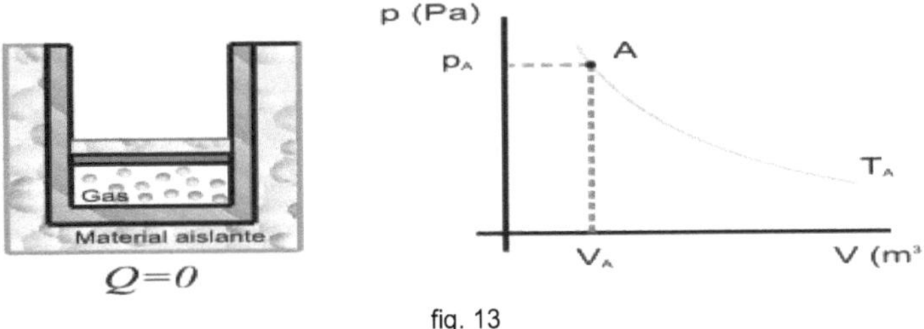

fig. 13

En este caso varían simultáneamente la presión, el volumen y la temperatura, pero no son independientes entre sí. Se puede demostrar usando el Primer Principio que se cumple:

$$pV\gamma = cte \;\Rightarrow\; pA\,V\gamma A = pB\,V\gamma B$$

Haciendo cambios de variable mediante de la <u>ecuación de estado del gas ideal</u>, obtenemos las relaciones entre las otras variables de estado:

$$p^{1-\gamma}\,T^{\gamma} = cte \;\Rightarrow\; p_A^{1-\gamma}\,T_A^{\gamma} = p_B^{1-\gamma}\,T_B^{\gamma}$$

$$TV^{\gamma-1} = cte \;\Rightarrow\; T_A\,V_A^{\gamma-1} = T_B\,V_B^{\gamma-1}$$

El <u>trabajo</u> realizado por el gas lo calculamos a partir de la definición, expresando la presión en función del volumen:

$$W_{AB} = \int_{V_A}^{V_B} p\,dV = \int_{V_A}^{V_B} \frac{cte}{V^{\gamma}}\,dV$$

Integrando se llega a:

$$W_{AB} = \frac{1}{1-\gamma}(p_B V_B - p_A V_A)$$

La variación de energía interna se calcula usando la expresión general para un gas ideal:

$$\Delta U_{AB} = n\,C_V\,(T_B - T_A)$$

Aplicando el Primer Principio:

$$\cancel{Q_{AB}} = W_{AB} + \Delta U_{AB} \quad \Rightarrow \quad W_{AB} = -\Delta U_{AB}$$

$$W_{AB} = -n\,C_V\,(T_B - T_A)$$

Es decir, en una expansión adiabática, el gas realiza un trabajo a costa de disminuir su energía interna, por lo que se enfría.

En el proceso inverso, el gas se comprime (W<0) y aumenta la energía interna.

En esta tabla encontrarás un resumen de cómo calcular las magnitudes trabajo, calor y variación de energía interna para cada transformación.

5.9 Relaciones termodinámicas: comprensión, expansión, presiones.

Los siglos XVI, XVII y el principio del XIX, anteriores aún al nacimiento de la Termodinámica "de verdad", vieron una gran cantidad de experimentos dedicados precisamente a determinar las relaciones de las que vamos a hablar hoy. Era evidente para los científicos de la época, como espero que haya sido para ti al leer sobre las tres magnitudes –temperatura, volumen y presión– que estaban relacionadas. Dicho de otro modo, al modificar una de ellas en un gas, de manera natural las otras dos sufrían cambios. El problema era que, al ser tres propiedades diferentes, era difícil saber a cuál se debían los cambios en cada caso.

De modo que los científicos interesados en el asunto, fundamentalmente franceses y un británico –Guillaume Amontons, Jacques Charles, Joseph Louis Gay-Lussac, Robert Boyle, EdmeMariotte…– hicieron lo que cualquiera con sentido común habría hecho: mantener fija una de las tres magnitudes y observar qué efectos producía cambiar una de las otras dos sobre la tercera. Por ejemplo, si se mantenía el volumen constante y se enfriaba el gas, ¿qué sucedía con la presión? Si se mantenía la temperatura constante y se aumentaba la presión, ¿qué le pasaba al volumen?, etcétera.

Dicho de otro modo y empleando términos que definimos en el primer artículo del bloque, los científicos constriñeron las condiciones de los posibles procesos termodinámicos utilizando depósitos. Si se utilizaba un depósito de presión se podían estudiar entonces procesos isocóricos, y lo mismo para mantener fija –o al menos lo más fija posible– una de las otras dos magnitudes. Realizando experimentos así, los científicos elaboraron diversas leyes que describían el comportamiento de los gases en esas condiciones.

Para estudiar la relación que existe entre volumen y presión, necesitamos producir procesos isotérmicos. De ese modo, cualquier influencia de los cambios de temperatura quedará fuera de la cuestión, y podremos aislar los efectos de presión sobre volumen y viceversa. Evidentemente, no estaremos evitando los efectos que una temperatura determinada tenga sobre el experimento pero, dado que hablamos de gases ideales, obviemos esos posibles efectos, que tiempo habrá de estudiarlos en bloques superiores.

Lo que necesitamos entonces es fijar nuestro foco térmico a una temperatura determinada y dejarlo bien pegado al recipiente, de modo que la temperatura no cambie. A continuación podemos hacer dos cosas: dejar el pistón libre y variar la presión –es decir, el número de pesas–, o bien fijar los topes del pistón en un punto determinado y ajustar las pesas a la presión que resulte de hacer eso.

Cuando alcancemos el equilibrio, veremos qué marca nuestro instrumento de medida y podremos extraer conclusiones acerca de la relación entre las magnitudes. Afortunadamente el resultado, si has comprendido los conceptos de volumen y presión anteriormente, debería ser bastante lógico, pero como es nuestro primer experimento iremos razonando despacio.

Relación entre presión y temperature

En este caso, como hizo el francés Guillaume Amontons hacia 1700, necesitamos fijar el volumen de gas en nuestra máquina, pero eso lo tenemos muy fácil gracias a su revolucionario diseño: no tenemos más que fijar los topes sobre el pistón, evitando que pueda moverse, y el volumen será necesariamente constante durante el proceso (que será, por tanto, isocórico). Si modificamos entonces la presión o la temperatura (cambiando el número de pesas o alterando la temperatura del foco térmico) podremos ver qué le sucede a la otra magnitud variable.

5.10 Aplicaciones reales de la termodinámica

Sabemos que la termodinámica, también llamada de termología, tiene varias aplicaciones profesionales. Con eso ella consigue describir tanto situaciones simples como situaciones complejas, haciendo uso de una pequeña cantidad de variables. Las variables que la termodinámica utiliza para describir diferentes situaciones son temperatura, presión, volumen y número de moles. A continuación citaremos algunas de las aplicaciones de la termodinámica.

Ciencia de los materiales.

Una de las aplicaciones de la termodinámica está ligada a la ciencia de los materiales, que estudia formas de obtener nuevos tipos de materiales que posean propiedades químicas y físicas bien definidas. La termodinámica, podemos decirlo así, es una de las bases de la ingeniería de materiales, porque los procesos de fabricación de nuevos materiales implican bastante la transferencia de calor y trabajo para las materias primas.

Por ejemplo, una pieza de cerámica requiere pasar por un proceso de cocción con temperaturas muy altas, que llegan a superar los 1.000 °C. Sus propiedades físicas finales dependen de la hora y la temperatura a la que fue sometida. Para cada situación práctica siempre hay una clase de material más apropiado: el uso de aleaciones de aluminio con titanio permitió la construcción de aviones más grandes, más ligeros y resistentes; los automóviles modernos usan, en gran parte, materiales plásticos y aleaciones especiales; los médicos y cirujanos hacen uso de bisturís con láminas especial muy afilada y bastante resistente.

En las industrias

Los procesos industriales transforman materias primas en productos acabados utilizando maquinaria y energía. En la industria láctea, la transferencia de calor se utiliza en la pasteurización y en la fabricación de quesos y mantequilla. En la industria siderúrgica, las altas temperaturas de los hornos causan la fusión de diversas sustancias, permitiendo su combinación y produciendo diferentes tipos de acero.

Arquitectura

El diseño y construcción de viviendas siempre debe tomar en consideración los aspectos de intercambio de energía. Nuestro cuerpo puede sobrevivir sólo en un intervalo de temperatura donde nuestro metabolismo resulta más eficiente, por eso nos sentimos mejor cuando la temperatura del medio ambiente está alrededor de los 20 °C.Los proyectos urbanos y residenciales toman en consideración estos límites, pero también deben tener en cuenta la utilización adecuada de los recursos naturales. Un ejemplo es el uso de la energía solar para reemplazar los calentadores de agua que funcionan con electricidad o combustible.

5.11 Procesos Industriales

Un proceso es comprendido como todo desarrollo sistemático que conlleva una serie de pasos ordenados u organizados, que se efectúan o suceden de forma alternativa o simultánea, los cuales se encuentran estrechamente relacionados entre sí y cuyo propósito es llegar a un resultado preciso. Desde una perspectiva general se entiende que el devenir de un proceso implica una evolución en el estado del elemento sobre el que se está aplicando el mismo hasta que este desarrollo llega a su conclusión.

De esta forma, un proceso industrial acoge el conjunto de operaciones diseñadas para la obtención, transformación o transporte de uno o varios productos primarios.

De manera que el propósito de un proceso industrial está basado en el aprovechamiento eficaz de los recursos naturales de forma tal que éstos se conviertan en materiales, herramientas y sustancias capaces de satisfacer más fácilmente las necesidades de los seres humanos y por consecuencia mejorar su calidad de vida.

Qué es Manufactura?

En un sentido general, manufactura se define como el proceso de convertir materias primas en productos terminados. También comprende los procesos de obtención de otros productos mediante la transformación de un primer producto terminado.

Etimológicamente la palabra manufactura se deriva del latín manu factus que significa "hecho a mano". La palabra producto, significa "algo que se produce", esto lo mencionamos con el objetivo de aclarar que en algún lugar de la historia las palabras "producirse" y "manufacturarse" se usan de manera indistinta.

Una concepción un poco más sencilla de manufactura es aquella que la asocia con la creación de valor, es decir un elemento que suele pasar por varios procesos, va adquiriendo valor en cada uno de ellos, es decir, los artículos manufacturados adquieren valor, por ejemplo, la madera tiene un valor pequeño al obtenerse de los bosques, sin embargo, al convertirse en un mueble o una pieza meticulosamente tallada, estos procesos agregan valor a la madera.

Clasificación de los Procesos

Antes de centrarse en la clasificación de los procesos de manufactura, es adecuado tomarse un tiempo para mirar cuantos elementos se encuentran a nuestro alrededor, y transportarnos hacia el ¿cómo fueron obtenidos?, ya que es muy probable que no los encontrará en la naturaleza tal y como se encuentran a su alrededor.

La producción en general comprende una extensa variedad de procesos de manufactura, y es muy común encontrar más de un proceso de transformación capaz de lograr un mismo producto.

En este módulo clasificaremos los procesos industriales de la siguiente manera:

• Procesos de Conformado
•Procesos de Fundición
•Procesamiento de Polímeros
•Procesos de Maquinado y Acabado
•Procesos de Unión

Procesos de Conformado

Los procesos de conformado de metales comprenden un amplio grupo de procesos de manufactura, en los cuales se usa la deformación plástica para cambiar las formas de las piezas metálicas.

En los procesos de conformado, las herramientas, usualmente dados de conformación, ejercen esfuerzos sobre la pieza de trabajo que las obligan a tomar la forma de la geometría del dado.

Curva de Esfuerzo vs Deformación

Debido a que los metales deben ser conformados en la zona de comportamiento plástico, es necesario superar el límite de fluencia para que la deformación sea permanente.

Por lo cual, el material es sometido a esfuerzos superiores a sus límites elásticos, estos límites se elevan consumiendo así la ductilidad .

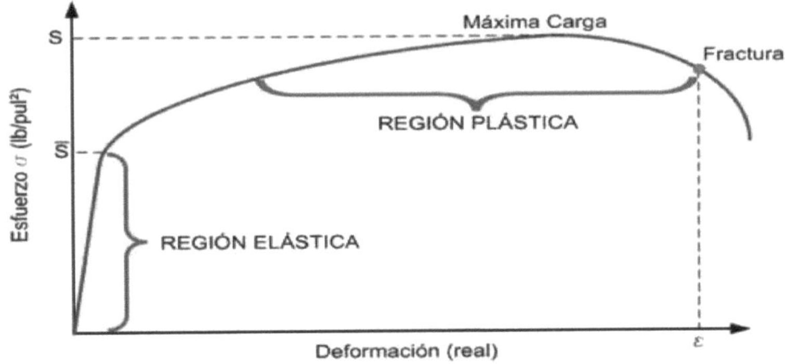

Fig 14. Diagrama Esfuerzo-Deformación.

Propiedades metálicas en los procesos de conformado

Al abordar los procesos de conformado es necesario estudiar una serie
de propiedades metálicas influenciadas por la temperatura, dado que estos
procesos pueden realizarse mediante un trabajo en frio, como mediante un
trabajo en caliente.

Trabajo en frio

Se refiere al trabajo a temperatura ambiente o menor. Este trabajo ocurre al aplicar un
esfuerzo mayor que la resistencia de cadencia original de metal, produciendo a la vez una
deformación.

Características:

Mejor precisión

Menores tolerancias

Mejores acabados superficiales

Mayor dureza de las partes

Requiere mayor esfuerzo

Trabajo en caliente

Se define como la deformación plástica del material metálico a una temperatura mayor que la de recristalización. La ventaja principal del trabajo en caliente consiste en la obtención de una deformación plástica casi ilimitada, que además es adecuada para moldear partes grandes porque el metal tiene una baja resistencia de cadencia y una alta ductilidad.

Características:

Mayores modificaciones a la forma   za de trabajo

Menores esfuerzos

Opción de trabajar con metales que se fracturan cuando son trabajados en frío

Proceso de Troquelado

El proceso de troquelado es una operación en la cual se cortan láminas sometiéndolas a esfuerzos cortantes, desarrollados entre un punzón y una matriz, se diferencia del cizallado ya que este último solo disminuye el tamaño de lámina sin darle forma alguna. El producto terminado del troquelado puede ser la lámina perforada o las piezas recortadas.

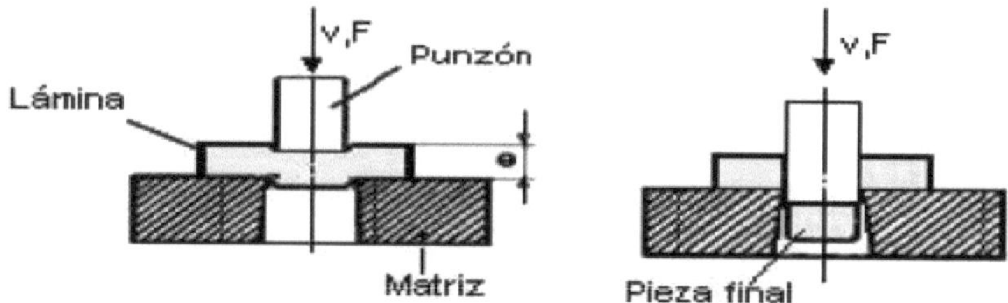

Fig 15. Los bordes de herramientas desafilados contribuyen también a la formación de rebabas, que disminuye si se aumenta la velocidad del punzón.

Tipos de doblado:

Doblado entre formas

En este tipo de doblado, la lámina metálica es deformada entre un punzón en forma de V u otra forma y un dado. Se pueden doblar con este punzón desde ángulos muy obtusos hasta ángulos muy agudos. Esta operación se utiliza generalmente para operaciones de bajo volumen de producción.

Doblado deslizante

En el doblado deslizante, una placa presiona la lámina metálica a la matriz o dado mientras el punzón le ejerce una fuerza que la dobla alrededor del borde del dado.

Este tipo de doblado está limitado para ángulos de 90°.

Cálculo de la fuerza para doblado de láminas:

La fuerza de doblado es función de la resistencia del material, la longitud L de la lámina, el espesor T de la lámina, y el tamaño W de la abertura del dado. Para un dado en V, se suele aproximar la fuerza máxima de doblado, FD, con la siguiente ecuación:

$$F_D = \frac{LT^2 S_{ult}}{W}$$

Símbolos para calcular la fuerza de doblado

S_{ult} = Esfuerzo último de tensión del material, $\left[\frac{lb}{pul^2} \right] o\, [Pa]$

L = longitud de la lámina, $[pul] ó [mm]$

T = espesor, $[pul] ó [mm]$

W = luz entre apoyos o abertura del dado, $[pul] ó [mm]$

Proceso de laminado del Acero

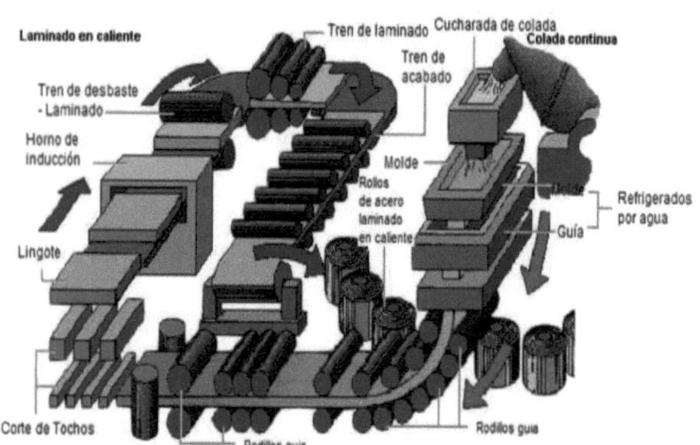

El proceso de Fundición de Metales

Moldes de fundición

La fundición es el proceso de fundición de metales más antiguo que se emplea para dar forma a los metales. Consiste en fundir y colar metal líquido en un molde que tenga la forma y tamaño que deseamos para que allí solidifique.

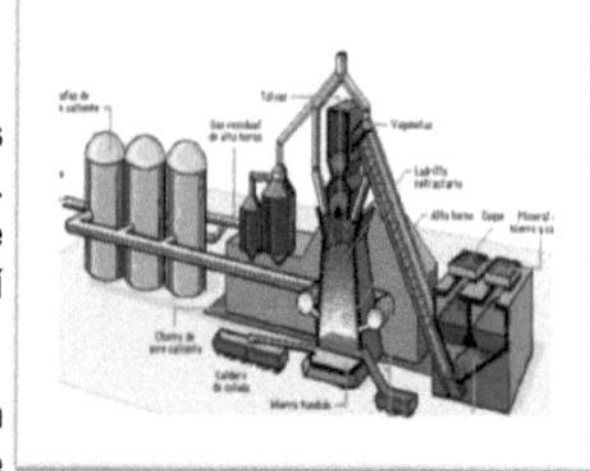

El molde se suele hacer en arena, consolidado por un apisonado (manual o mecánico) alrededor de un molde que se extrae antes de recibir el metal fundido. El tamaño de las piezas no tiene limitaciones desde una prótesis dental hasta un bastidor de una máquina.

Hay piezas que sólo se pueden fabricar fundiendo en un molde, no se pueden hacer con procesos como la forja, la laminación o la soldadura.

La posibilidad de fundir un metal o una aleación depende de su composición, temperatura de fusión y tensión superficial del metal fundido. Estos factores determinan su fluidez.

Hay tres tipos de fundición: en lingotes, en colada continua o en moldes. El más utilizado es el último:

Tabla 4. El proceso de fundición es complejo. Se desarrolla como dos flujos de producción paralelos, que en determinado momento se unen para dar forma y terminación a la pieza que estamos elaborando.

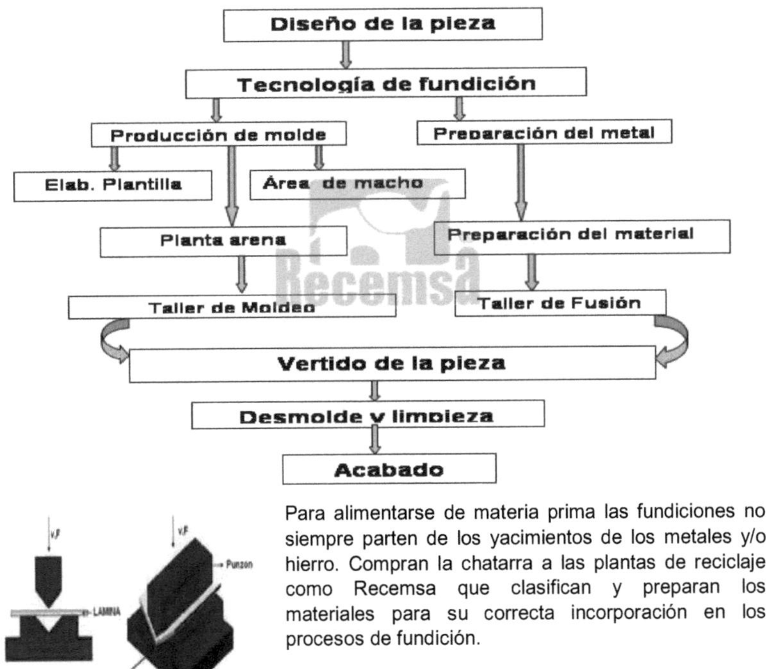

Para alimentarse de materia prima las fundiciones no siempre parten de los yacimientos de los metales y/o hierro. Compran la chatarra a las plantas de reciclaje como Recemsa que clasifican y preparan los materiales para su correcta incorporación en los procesos de fundición.

Principios del procesado de los polímeros

La tecnología de la transformación o procesado de polímeros tiene como finalidad obtener objetos y piezas de formas predeterminadas y estables, cuyo comportamiento sea adecuado a las aplicaciones a las que están destinados.

Una de las características más destacadas de los materiales plásticos es la gran facilidad y economía con la que pueden ser procesados a partir de unas materias primas convenientemente preparadas, a las que se les han añadido los pigmentos, cargas y aditivos necesarios para cada aplicación. En algunos casos pueden producirse artículos semi-acabados como planchas y barras y posteriormente obtener la forma deseada usando métodos convencionales tales como mecanizado mediante máquinas herramientas y soldadura.

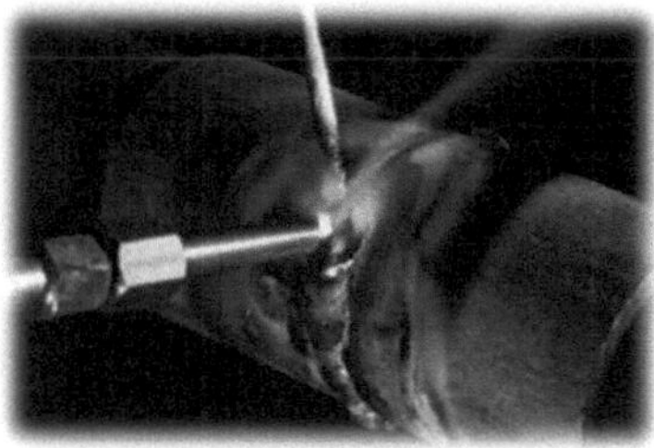

Sin embargo, en la mayoría de los casos el producto final, que puede ser bastante complejo en su forma, se obtiene en una sola operación, con muy poco desperdicio de material, como por ejemplo la fabricación de tubería por extrusión (proceso continuo) o la fabricación de teléfonos por moldeo por inyección (ciclo repetitivo de etapas).

Los polímeros termoplásticos suelen trabajarse previamente fundidos o reblandecidos por efecto simultáneo de la aplicación de calor, presión y esfuerzos de cizalla.

Procesos de Maquinado y Acabado

Dentro de la industria de manufactura, el maquinado es uno de los procesos más importantes a realizar. Este se basa en remover por medio de una herramienta de corte todo el exceso del material, de tal forma que la pieza terminada sea realmente la deseada.

El propósito de cualquier operación de corte consiste en obtener un acabado superficial con velocidad conservando el mínimo esfuerzo y costo. El maquinado es un proceso de manufactura en el cual se usa una herramienta de corte para remover el exceso de material de tal manera que el remanente sea la forma deseada.

Procesos de unión de metales

Procesos de unión de metales ,Características de los procesos de unión

Fig 16. Los productos que requieren la unión de dos o más piezas generalmente se ensamblan por alguno de los siguientes métodos de ensamblados:

1. soldadura
2. Soldadura blanda
3. Soldadura fuerte
4. Sintetización
5. Prensado de polvos
6. Remachado
7. Ensamble con elementos roscados
8. Ensamble por pegado

El método de soldadura consiste en la fusión o unión de piezas al aplicarse calor y/o presión. La soldadura blanda y la soldadura fuerte son operaciones similares con la excepción de que las partes se unen al introducir entre ellas un metal diferente y en estado fundido.

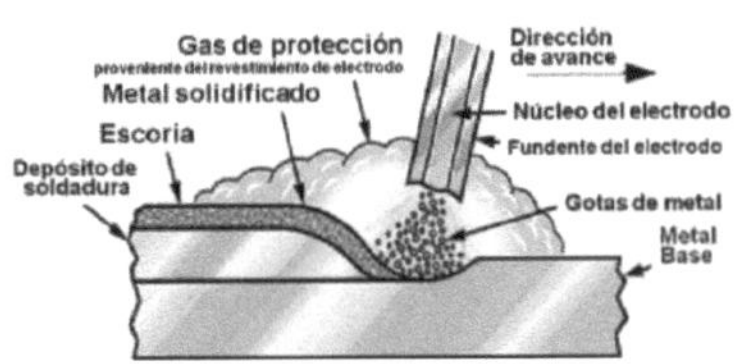

El proceso emplea altas corrientes, de 300 a 4000 voltios. Como consecuencia se puede soldar placas delgadas sin preparación alguna, mientras que en la mayor parte de las otras solo se requiere una pequeña corriente. La mayor parte de las soldaduras por arco sumergido se hacen en aceros aleados y de bajo carbono, pero también se pueden usar en muchos metales no ferrosos.

Soldadura por gas inerte

En la soldadura por gas inerte, la coalescencia se produce por el calor que proviene de un arco entre un electrodo de metal y la pieza, la cual está protegida por medio de una atmosfera de argón, helio, CO2 o una mezcla de gases. Se emplean dos métodos: una que usa electrodo de tungsteno con metal de aporte agregado, como en la soldadura por gas (TIG, tungsteninert gas) y la otra que emplea alambre de metal consumible como electrodo (Soldadura MIG, metal inert gas). Ambos métodos son adaptables tanto a soldaduras manuales como automáticas y no se requiere de fúndete o alambre revestido para la protección de la soldadura.

Soldadura por presión

En la soldadura por presión, las áreas empotradas de las partes a unir se calientan con flamas oxiacetilénicas a una temperatura de soldadura aproximadamente 1200 grados centígrados y se aplica presión. Hay dos métodos en uso común. En el primero, que se conoce como método de junta cerrada en el que las superficies a unir se mantienen juntas bajo

Relaciones termodinámica. Compresión, expansión y presiones

El trabajo de cambio de volumen de un gas es el trabajo necesario para que el gas pase de un volumen inicial Vi a un volumen final Vf. Si el volumen disminuye, el gas se habrá comprimido y hablaremos de trabajo de compresión; si el volumen aumenta, el gas se habrá expandido y hablaremos de trabajo de expansión.

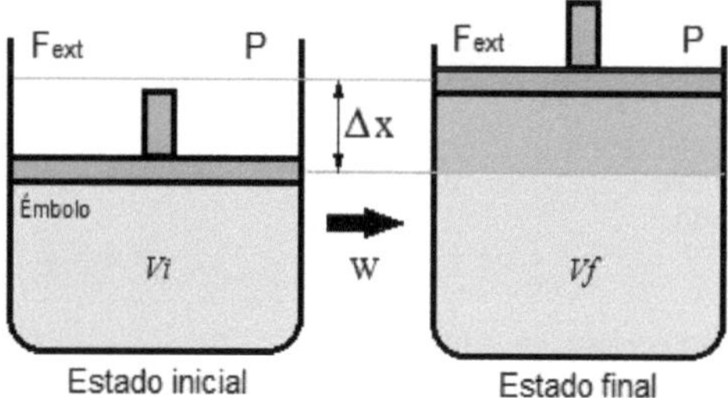

Fig 17. Muestra de compresión, expansión y presiones.

¿Qué es la expansión de los gases?

La expansión libre es un proceso irreversible en el cual un gas se propaga en un recipiente vacío y aislado. También se le conoce como expansión de Joule. , donde P es la presión, V es el volumen, y i y f refiere a los estados iniciales y finales. ... Ningún trabajo se hace porque no hay presión sobre el pistón.

¿Cómo cambia la temperatura de un gas cuándo se comprime y se expande?

Cuando el volumen aumenta durante un proceso irreversible, las leyes de los gases no pueden determinar por sí solas qué ocurre con la temperatura y presión del gas. En general, cuando un gas se expande adiabáticamente, la temperatura puede aumentar o disminuir, dependiendo de la presión y temperatura inicial.

¿Cómo se puede demostrar que el gas se puede expandir y comprimir?

El aire es un gas, y como todos ellos se expande con el aumento de la temperatura y ocupa más espacio. Por el contrario con el recipiente frío se comprime y ocupa menos espacio. Nota que es la misma cantidad de aire.

Termodinámica presión.

La presión se define como fuerza por unidad de área, donde la fuerza F se entiende como la magnitud de la fuerza que actúa de forma perpendicular al área de la superficie A: Aunque la fuerza es un vector, la presión es un escalar, así que solo tiene magnitud. Presión atmosférica

¿Qué es presión en termodinámica?

Presión (p): Es la fuerza por unidad de área aplicada sobre un cuerpo en la dirección perpendicular a su superficie. En el Sistema Internacional se expresa en pascales (Pa). La atmósfera es una unidad de presión comúnmente utilizada. Su conversión a pascales es: 1 atm $\cong$ 105 Pa.

¿Cómo se mide la presión en la termodinámica?

Presión se mide en N/m2 o Pascales (Pa), sin embargo existen algunas otras unidades que se pueden utilizar, como las atmósferas (atm), los bars (bar) o los milímetros de mercurio (mmHg). Sobre pie cuadrado (lb/ft2) o libra sobre pulgada cuadrada (lb/in2) también llamadas psia.

Tabla 5. Tipos de presión.

5.11. Aplicaciones prácticas

Experimento casero (compresión, expansión)

1) Los gases pueden cambiar su volumen por un cambio de la temperatura o de la presión. A más temperatura y menos presión ocupan mayor volumen.

Materiales:

Botella de plástico

Globo

2 recipientes

Agua caliente

Agua fría con hielo

Fig 18. Experimento de Expansión y compresión de los gases.

Procedimiento:

1) Tapa el cuello de la botella con el globo.

2) Llena uno de los recipientes con agua caliente y el otro con agua fría.

3) Pon la botella dentro del recipiente con agua caliente y después pásalo al que contiene agua fría.

4) Observa lo que sucede

5) En uno de los dos casos se infla el globo, en el otro se desinfla.

Explicación

El aire es un gas, y como todos ellos se expande con el aumento de la temperatura y ocupa más espacio.

Por el contrario con el recipiente frío se comprime y ocupa menos espacio. Nota que es la misma cantidad de aire.

El experimento puede fallar si hay fuga de aire entre el globo y la botella, y también si la diferencia de temperatura no es suficiente para cambiar notablemente el volumen del aire dentro de la botella.

Ejercicio de aplicación (presión)

2) Para la posición indicada en la figura, el manómetro marca valor cero de presión y el pistón toca el resorte sin comprimirlo. El resorte tiene una constante de 360 kN/m y la densidad relativa del aceite es 0.85. El diámetro del cilindro A es 0.7 m y el del cilindro B, ¿Cuál será la presión leída en el manómetro cuando el resorte se comprima 50 cm? P atm = 0.1 Nipa.

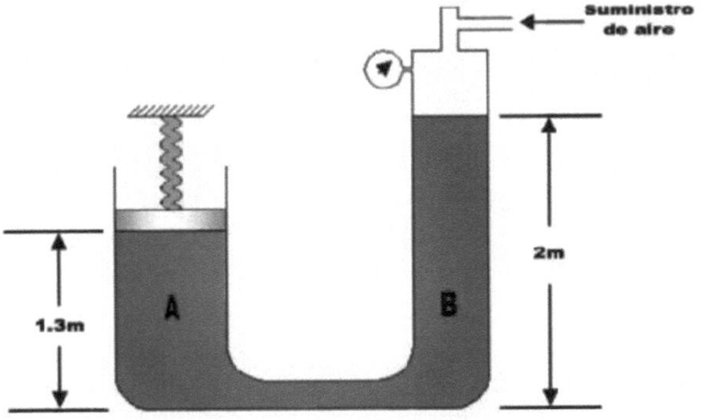

Fig 19. Ejercicio de manometro.

$$K=360\frac{KN}{m}$$

$$S_{ACEITE} = 0.85$$

$$D_A=0.7m$$

$$\frac{\delta y}{\delta x}resorte = 50cm$$

$$P_{atm} = 0.1Mpa$$

Peso del pistón

$$\frac{W}{A} = pg(2.-1.3)$$

$$W = 0.85 \times 1000 \times 9.8(2.-1.3)A = \pi\frac{0.7^2}{4}$$

$$W = 2244.03N$$

Si en el cilindro A el aceite sube 0.5 m igualando volúmenes se puede hallar lo que desciende en B.

$$0.5 \times 0.7^2 = 0.5^2 . x \rightarrow x = 0.98m$$

$$P_{atm} + \frac{360 \times 0.5}{\pi \frac{0.7^2}{4}} + \frac{22403 \times 10^{-3}}{\pi \frac{0.7^2}{4}} + \frac{0.85 \times 1000 \times 9.8 \times 1.8}{1000} = P_s + \frac{0.85 \times 1000 \times 9.87 \times 1.02}{1000}$$

$$P_{man} = P_s - P_{atm} = 480.049 kPa$$

BIBLIOGRAFIA

http://www2.montes.upm.es/dptos/digfa/cfisica/termo1p/energiaint.html

https://www.fisicalab.com/ejercicio/680#contenidos

https://hrcultura.wordpress.com/tercer-corte/entropia-y-entalpia/

https://lidiaconlaquimica.wordpress.com/2015/06/29/ejercicios-de-calculo-de-entalpias/

http://www.unet.edu.ve/~fenomeno/F_DE_T-73.htm

http://www2.montes.upm.es/dptos/digfa/cfisica/termo1p/sistema.html

https://es.scribd.com/doc/169794060/Concepto-de-Gas-Ideal-y-Gas-Real-y-Sus-Diferentes-Leyes

https://es.wikipedia.org/wiki/Gas_ideal

https://definicion.de/vapor/

https://es.wikipedia.org/wiki/Vapor_(estado)

http://www.ceroaccidentes.pe/propiedades-y-caracteristicas-de-las-sustancias-quimicas-peligrosas/

http://primeraleytermodinamica6c.blogspot.com/p/procesos-termodinamicos.html

https://es.wikipedia.org/wiki/Proceso_politr%C3%B3pico

https://quimica.laguia2000.com/conceptos-basicos/proceso-isentropico

https://www.monografias.com/trabajos104/problemas-termodinamica-procesos-politropicos/problemas-termodinamica-procesos-politropicos.shtml

https://www.ingenieriaindustrialonline.com/herramientas-para-el-ingeniero-industrial/procesos-industriales/